意林励志 典藏系列

◆一则故事，改变一生◆

意林励志·典藏系列

世间感动

《意林》图书部 编

陕西新华出版传媒集团
未来出版社

意林励志·典藏系列⑥

图书在版编目（CIP）数据

世间感动 /《意林》图书部编. -- 西安：未来出版社，2019.12
（意林励志.典藏系列）
ISBN 978-7-5417-6832-3

Ⅰ.①世… Ⅱ.①意… Ⅲ.①成功心理-青年读物 Ⅳ.①B848.4-49

中国版本图书馆CIP数据核字(2019)第233014号

世间感动
SHIJIAN GANDONG　　《意林》图书部 / 编

编　　者：《意林》图书部	总 策 划：李桂珍
执行策划：陆三强　杜普洲	丛书策划：唐荣跃　徐　晶
丛书统筹：赵党玲　肖桂香	责任编辑：杨雅晖　周　楠
特约编辑：肖桂香　陶　芳	美术总监：资　源
美术编辑：许　歌　郭　宁	封面设计：资　源
封面供图：摄图网	技术监制：宋宏伟　刘　争
发行总监：樊　川　王俊杰	宣传营销：陈　欣　贾文泓
出版发行：未来出版社	地址邮编：西安市丰庆路91号（710082）
电　　话：029-84288355	印　　刷：天津中印联印务有限公司
经　　销：全国各地新华书店	开　　本：710 mm×1092 mm　1/16
印　　张：15	总 字 数：294千字
版　　次：2019年12月第1版	印　　次：2019年12月第1次印刷
书　　号：ISBN 978-7-5417-6832-3	定　　价：39.00元

版权所有，翻印必究
（如发现印装质量问题，请与承印厂联系退换）

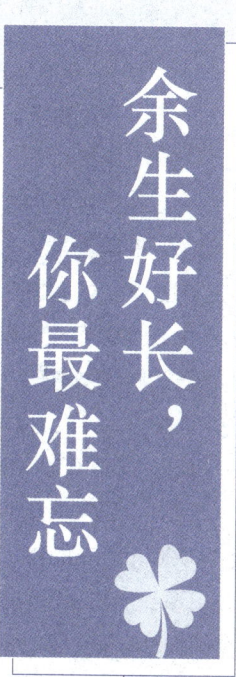

目录 CONTENTS

余生好长，你最难忘

- 003 | 路过那少年
- 005 | 我不怀念三秋桂子十里荷花，但我想念你
- 008 | 好学生的中学爱情
- 012 | 一封百年前的诀别信
- 014 | 光明正大地做个女孩
- 016 | 你的喜欢，我会记得
- 019 | 我爸妈的爱情
- 022 | 我因爱上你而渴望长命百岁
- 024 | 给所有沉默的人
- 030 | 站远一点儿才有机会去感动
- 032 | 我身披铠甲，却遇见了太阳
- 036 | 愿世间再无版纳
- 039 | 老妈的 AB 面
- 042 | 海明威的那头豹子
- 044 | 怀旧的成本
- 046 | 一缕发丝
- 048 | 每个母亲心中都有一张地图
- 050 | 好吃街的酸辣粉，是外婆的悠长时光
- 053 | 我从来不曾想念你
- 056 | 我的同桌叫桑妍
- 060 | 外婆的文艺时代

目 录
CONTENTS

感谢你，盛装莅临我的成长

065 | 你这辈子，是否被陌生人温暖过
069 | 冷暖人间，他是盖世英雄
072 | 被爱簇拥的青春
074 | 用爱原谅
076 | ICU 里的人生百态
078 | 老师，我终于听见这世界
080 | 请勿离开
082 | 25 岁，我妈补偿我一件小熊卫衣
086 | 你对亲人说话嫌累，对陌生人却掏心掏肺
088 | 日常求锦鲤，当代青年的生存法则
090 | 现在的我，只想抱抱他
092 | 妈妈说，她再也不打我了
098 | 我爱着，那个和我长得一样的女孩
100 | 哪一个老爸不是又尿又猛
103 | 一个"凉薄"儿子的自我反思
106 | 想太多，行为会变形
108 | 把妈妈给我的智慧还给她
110 | 那些没有像样外套的冬天，是怎么过来的
112 | "现在的年轻人啊"
114 | 那些年，我们一起写过的小说
116 | 收到的爱乘以 10，付出的爱除以 10

目 录 CONTENTS

不期而遇，世界与我深情相拥

- 119 | 一只猫咪的花式送礼
- 121 | 送别了 2125 只小动物，我开始理解死亡
- 124 | 日本人的家庭观
- 126 | 和一只鸟儿冰释前嫌
- 130 | 一辈子的客
- 132 | 我们对这个世界最初的试探
- 136 | 送年轻时的自己哪些书
- 138 | 日本企业为什么不愿意"做大"
- 140 | 非洲人为什么总迟到
- 142 | 别了，我的小猩猩
- 146 | "熟辣烘"鹦鹉
- 148 | 拒收 10 亿美元的人
- 150 | "永不干涉"也许是另外一种干涉
- 152 | 别让抹香鲸的肚子变垃圾场
- 155 | 不同寻常的"德式严谨"
- 158 | 哈登的三十六计
- 161 | 导盲犬珍妮退役：爱与放手
- 164 | 两只羊的细节
- 166 | 亚洲狮的困境
- 168 | 你永远是我心中最伟大的武林盟主
- 172 | 高原神犬

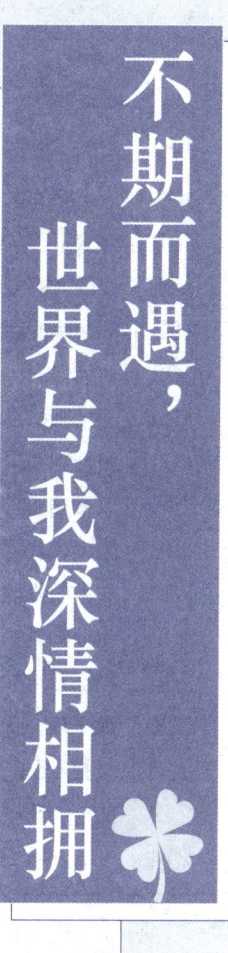

目录 CONTENTS

我心温柔，自有力量

- 177 | 内向者的社交技巧
- 179 | 狭小空间里，才挤得出真友谊吧
- 182 | 喜欢不那么热情的店
- 184 | 我最大的野心，是五官端正
- 188 | 坏情绪的保质期
- 190 | 对待自己，请隆重一点儿
- 192 | 一个微不足道的开始
- 194 | 被看到很重要
- 196 | 以笨拙的方式示爱
- 198 | 善良是最好的名片
- 200 | 岁月把我雕刻成了你
- 202 | 单腿起跳的人生
- 205 | 和巴菲特共进午餐值不值
- 208 | 那一夜，我与死神擦肩而过
- 210 | 战胜自己的敌人
- 212 | 放一勺糖不如护一片林
- 214 | "90后"文物修复师：因为喜欢，所以坚持
- 216 | 最好的情绪，要留给家人
- 218 | 很丑少女幻想记
- 222 | 躲避瑕疵与拥抱美丽
- 225 | 让你的生气发挥出作用
- 226 | 有趣的侧向思维
- 229 | 别把自己活成植物
- 230 | 你有多久没有和一只动物对视
- 232 | 水也有灵魂

「余生好长，
你最难忘」

那些不起眼的经历，
后来却成了
闪闪发亮的印记。

路过那少年

□ 书 凝

> 我好像只能怀念你，怀念这场扑朔迷离、似有若无的怦然心动。

篮球场上，那个修长的身影跃起时，摇摆的树木静止了，欢呼的人群静止了，连吹来的习习微风也静止了。蓦然回首，整个操场仿佛只剩下你。

手指划过篮球，又将它投入篮筐，整个动作清晰流畅得如同一部影片，而你就是影片中那个春风得意的少年。操场上一片欢腾，定格在此刻，我知道，你从未逃出我的视线。

我甚至开始渴望每周一的体育课，每当遇见你时，我总是情不自禁地想起第一次遇见你的情景。或许是听到某个女孩的赞叹，我本能地转过头，看到你以一个帅气的姿势跃起，将篮球投入篮筐，随即是篮球砸中篮板后"哐"的一声。因为近视我没能看清你的外貌，只有那模糊的一幕悄然定格。

接下来的每节体育课，我都会有意无意地看到你，我特意戴上眼镜，见你蓬松的头发微扬，上齿轻咬着下唇，汗水从额头缓缓流到腮边，紧接着滑落到瘦削的下巴上。你晃动刘海的同时，手腕下压，篮球干脆利落地落入篮筐，随后传来篮球落地的重响。我恍然惊醒，只因你的每一个动作都让我屏息。

邂逅相遇，适我愿兮。我和朋友漫步在校园里时，偶然会见到你对其他女孩子笑，她们总是很好看，长睫毛包裹着一双戴美瞳的大眼睛。我并没有心理不平衡，因为我始终没能捅破那层叫作陌生人的窗户纸。只是每一次，都会觉得春光再美，也比不过你的笑。

3年里我遇到的最美好的事，莫过于邂逅你。

不知道你姓甚名谁，也不知道你喜欢什么、讨厌什么，只是通过你校服上的届次，知道你高我一级。时光飞逝，你终要奔赴中考，我留不住，也送不了；你挥手

说再见，我看不到，也等不着。每周一体育课上那固定的篮球架下，换了一拨又一拨少年。我也会离开，无人会永远留下。

如今把你和我称作"我们"，都觉得未免有些夸大其词，从未主动去认识你，自己也不清楚是因为怕被拒绝，还是想保留一份少女该有的矜持。我只知道你会逃出我的视线，我也会移开视线望向别处，没有你，我的生活不会和过去有什么不同。

我好像只能怀念你，怀念这场扑朔迷离、似有若无的怦然心动。

我不怀念三秋桂子十里荷花，但我想念你

□雨　欣

> 我到底没有成为外婆那样娴静的人，坏脾气总是一触即发，但有一点我们是相似的，就是对所热爱的一切很投入。

我在14岁时曾给外婆写过一封信，但没有寄出去，而是发表在一家晚报上。800字的"豆腐块"，被编辑点评为"感情真挚"。我从未向她提及过此事，只是悄无声息地把文章剪下来贴进了日记本里。这件本可以大张旗鼓地满足我虚荣心的事，我却表现得紧张而又小心翼翼。

外婆是苏州人，我从小被父母送去她身边寄养，隔辈亲在她身上呈现得淋漓尽致，与所有逼着小孩做辅导资料的大人不同，她对我唯一的要求就是多吃饭。多吃饭才能长身体，多吃饭才能变漂亮，多吃饭才能有力气走很远的路去看世界。你看，从来没有一项理由是为学习，是为出人头地。她带我读书看报，也带我到闹市里闲逛。哪怕期末考试，我只能拿回考了62分的数学试卷，她也会温和地泡上一壶茶，让跑得气喘吁吁的我坐下来先喝一杯。

外婆退休之前是小学五年级的老师，也曾在教坛叱咤风云几十年，所以妈妈怎么也不敢相信，跟在外婆身边的我成绩竟然会亮起红灯。她把这一切归结到外婆对我的宠溺上，于是买来很多参考书，要外婆严厉监督我完成。

对外婆来说，严厉简直是一件太难的事。只要妈妈一走，她就带我去逛庙会，带我去听戏，周末兴致来了还会带我去乡下她的老朋友家住两天，放任我与一群"熊孩子"疯玩。他们教我爬树，带我到泥塘里挖莲藕，还领我去稻田里看水牛。污泥、草渍、瓜果的汁液印在我脸上、衣服上，外婆一点儿也不恼怒，问我开心吗，我点点头，她就笑起来，承诺会经常带我来。她一直认为比起埋头苦做厚重的辅导资料，更重要的是对大自然的热爱。

得益于此，从小我的作文都会被老师夸赞写得生动，毕竟经历过的趣事都还新

鲜，吃过的瓜果都很香甜，看过的天空都是清澈高远，脑海里那些跳动的词句争先恐后就蹦了出来。我那时候最喜欢唱二十四节气歌，每一个节气外婆都能用一首古诗词来表达。她看我很感兴趣，就开始给我买唐诗宋词，早晨傍晚带我去河边读。我跟在她身后，小猫跟在我身后，我捧着书本摇头晃脑，裙子刚被晨风微微掀起一角，小猫就"噌"地扑上来，用小爪子抚平。如此反复乐此不疲，它在跟风做游戏，我在跟外婆学诗词。外婆呢，穿着一件绣了花的藏蓝色旗袍，花白的头发在脑后绾了一个发髻，戴着老花镜走在运河边，看起来与所有江南一带的老太太一样……她热爱戏曲与诗词，厨艺精湛，你能想到的南方的所有温婉都能在她身上找到。

我到底没有成为外婆那样娴静的人，坏脾气总是一触即发，但有一点我们是相似的，就是对所热爱的一切很投入。我对热爱的事物，很愿意努力，学得也快。比如，她教我背唐诗宋词，一本书的内容我三天就能背诵下来。她很欣慰，觉得我是得她真传了，她坚信女孩子就该有足够的文化内涵来熏陶自己。

整个小学阶段我都没能考出令人骄傲的成绩，妈妈为此一再失望，那时妈妈和我未曾察觉，外婆教会我的认知与感受，岂是区区几份满分成绩所能比拟的？我的文学素养，我对世界的向往，我勇敢的模样，我洒脱自由的个性，这些在往后时光里令我大放光彩的东西，是外婆在我的人生之初赠予我最珍贵的礼物。

我在她身边读到小学毕业，她并不曾要求我变成一个气质温婉的南方女孩，所以当我回归北方的故乡时，身边的新同学都诧异我在南方生活了那么多年，丝毫不见江南鱼米滋养出来的优雅。到后来，我不再主动说起在苏州生活的经历，但我常常想念外婆。

外婆偶尔会来看我，若是赶上夏季，必定带来饱满的莲子。在秋季她会早早开始做桂花酱，并在电话里一再对我讲，到了吃桂花糯米藕的时节了，要我无论如何抽空去一趟苏州。青团子、鲫鱼汤、太湖的大闸蟹、五月的杨梅……这些都成了外婆希望我能抽空回去的原因。每一次都有恰当的理由，我知道这所有的理由加起来不过是"想念"二字，所以即使功课很忙，到了假期我也要坐一天火车一路向南去苏州。

在我离开的漫长时日里，她一定孤单极了，但她从未埋怨过。她积极参加社区里的老年活动，走起路来依然脚下生风；她在院子里种满了蔬菜与花草，闲暇时与植物相伴；她养成了看养生频道的习惯，热衷于研究食谱，把身体调养得极健康，用坚定的语气告诉我们不必为她担心。

在我心里，始终觉得她并没有老去，"行动迟缓""记忆衰退""萎靡不振"

这些词都不曾在她身上出现。但时光总反复提醒我,她已经是一个古稀老人了。

我与她躺在一起时,会不由地想到生死问题,眼睛不可抑制地发酸,握紧她的手,想尽可能地多感受一些属于她的体温,她不曾察觉我的心思,静静躺在那里,睡得安稳。

外婆是老了。她取下腕上的手镯,戴在我手腕上,告诉我,那是她提前送我的嫁妆,语气里带着憧憬。我发誓永不取下,她笑了:"那可不行,我们家囡囡金银珠宝都要戴一遍。"我强忍着眼泪点点头趴在她耳边对她说:"长大我就嫁到苏州来,外婆你要等着我。"

我轻而易举说出这些话,却忘了时光不会等她。她突发脑中风晕倒的那个下午距离她76岁生日还有一天,我们为她定做的蛋糕上还有"寿比南山"这样的祝福语。

她躺在病床上,我握着她干枯的手,很久都感觉不到她脉搏的跳动。我日夜盯着心电图仪上的那条生命线,祈祷它不要终结。我每日帮她梳头,就像过去每一个平常的清晨。不同的是,我喊外婆,她不再回答。

她曾教我背诵骆绮兰的诗"莫怪世人容易老,青山也有白头时",也曾告诉我生老病死是人生平常事,可我依然无法抑制悲伤。

外婆没有留下一句话,医生说她在昏迷中离开,没有痛苦。我一直在想,假如她能有片刻清醒,她会对我说些什么呢?可是无论她说什么,我都不能也不愿与她告别。

亲爱的外婆,很多年过去,我不怀念在苏州淋过的每一场雨,我不怀念杨梅的味道、鲫鱼的鲜美,不怀念三秋桂子十里荷花,但我想念你。

好学生的中学爱情

□ 赵嗷嗷

> 从那以后，靠近他的名次就成了我的学习目标。

4月的日本，我在化妆品货架前流连，旁边一对穿着中学校服的男孩女孩也在仔细挑选。

"他们在谈恋爱吗？"我小声用中文问男朋友。在日本长大的他转头瞥了一眼说："显然吧。"

我压低声音咬牙切齿："快点报警！我要让警察把他们抓起来！"

我周围的人早已习惯，每一次我遇到牵手相依的中学生情侣，他们都得赶快把我拖走，不然我会满心怨念地盯着人家嘟囔："老师不管管吗？""我要给他们的妈妈打电话！"

我不曾早恋过，这是我26年的人生中最大的遗憾之一。于是那些青春年少相互做伴的少男少女，总能让我瞬间变身为一个"变态"老阿姨，在羡慕嫉妒之下爆发暗黑心理。

10年前，我是一个规规矩矩的好学生。从同学买的郭敬明出品的《最小说》杂志里读完《悲伤逆流成河》的连载之后，我心里产生了一个疑问：主人公们怎么可以那么闲？

在我的现实生活中，高中"火箭班"的压力让原本活蹦乱跳的我奄奄一息。我们班的学生来自全年级1800多人里的前30名，我的化学一不小心考了90分，就滑到了全班倒数第一。

初中的时候，我每天放学还会留在学校打篮球。我妈觉得我是为了锻炼身体，其实我的目的是可以接近篮球场上那个挥洒汗水的全年级最帅的男生。可是到了高中，我每天早起晚睡，功课还是多得做不完，只有被补习班占据的周末和晚自习前少许的空闲时间。

除了缺乏恋爱所需的时间，作为一个"乖孩子"，让我很尴尬的一点就是，父母对我管教很严。

我的学校离家不远，我几乎是在父母的视野范围内活动。找我借书的男生打电话到我家，都是我爸接的。难得周六放学后拜托很帅的学长教我打篮球，投中之后他宠溺地摸摸我的头，我羞涩的笑容还没来得及完全绽开，就在看到我妈站在球场对面的那一刻冻结。

早恋？在我的中学时代真是一场灾难。

但即便如此，花季少女的春心还是在夹缝里顽强地生长着。

初中三年，我有过两场无疾而终的暗恋。第一个是隔壁班的男生，瘦瘦高高，皮肤白净，面容俊秀，戴着斯文的眼镜，而且成绩极好。他性格安静，从不喧哗，却吸引了我全部的注意力。

我从未设想过与他拥有恋爱关系。他就像是校园小说里必备的那一种"级草"，穿着白色衬衫，在人群里闪闪发光，是所有女生安置心意的对象。我默默地喜欢着他、关注着他，在走廊偶遇时我会不自然地放大我的声音，希望他注意到我。

我们学校每个月要进行月考，每次考试的座位会按照上一次考试的成绩排名。有一次他考了年级第六名，我第九名，座位按照顺序蛇形拐弯，到下一次考试时，我正好与他同排相邻。

那是我离他最近的几天。考试的间隙，我向他要答案，搭话闲聊，表面大方淡定，内心却陷入狂喜。从那以后，靠近他的名次就成了我的学习目标。

这就是我13岁时的感情，因为暗恋了一个优秀的人，我想让自己变得更好。只可惜，《初恋那件小事》里的剧情不会在每一个人身上上演。我只是仰慕他的众多女孩子之一，何况他还有一个温柔美丽的同桌，他们俨然一对才子佳人，他的目光也许从未落在我身上。

到了初三，我又喜欢上了一个"差生"。我埋头苦读时他在泡网吧打游戏，我扎起马尾时他违反校规染头发。他那么随性和自由，关键的是，他的背影好帅。我喜欢走在他后面，望着他的背影，望着在乖乖女的世界里不可能的生存方式，望着我叛逆青春期的隐秘向往。

他从补习班的第一排回头给我丢字条，我们在老师的眼皮底下"飞鸽传书"，让我心惊胆战的同时心跳加速。他把QQ密码交给我，让我帮他挂机升级、打理QQ空间，我把这一点点委托暗自当作一种暧昧，恍惚觉得自己在担负贤内助和女

主人的职责。

可我们不是一类人。在他眼里，我是老师家长夸奖的学习榜样，是个按部就班、谨小慎微的书呆子，而他需要的女朋友则是一个烫着发、化淡妆，随时能出来约会，让他在兄弟们面前长面子的女孩。有一天为他挂QQ时，我收到一个女孩给他发来消息称他"老公"，便匆匆下线。

上了高中，男孩女孩们拔节生长，我曾在校园广播里听到别人为我点的歌，也有男孩子在路口等我一起上学。我委婉地拒绝了一些人的心意，在心里藏起一个秘密。

每周六晚7:00到9:00点，是我在家的固定上网时间。语文老师为我们从家长那里争取来了这个可以理直气壮玩电脑的项目，名目为"收集作文素材"。事实上，我把书房的门一关，在电脑上打开的只有跟一个人的QQ聊天页面。

对方是在另一所高中就读的男生，我们有共同的朋友，但并未见过面，是偶然在QQ上相遇的。他比我自由，所以迁就我的时间，周六晚上我上线的那两个小时，他会退出游戏，在7:00准时对我说"晚上好"。

我们坐在网络的两端，敲击键盘，手指飞舞，谈天说地。我们合拍又默契，他学小提琴我弹古筝，他演话剧我练舞蹈，我们聊起天来有时笑到眼泪横飞。我把学校里发生的事情跟他分享，从他那里得到鼓励、安慰或欣赏。除了QQ上的陪伴，我们之间还有朋友帮忙捎的口信、跨越学校的小字条和辗转到我手中的钢琴曲CD。

只是，作为一个时间被锁得紧紧的乖学生，我没有办法出现在他身边。当他问我能否去他学校观看他演出的话剧，或者去参加他的生日聚会时，我永远只能选择缺席。有一次，他来到我的学校，我认出了他的笑容，却始终没有勇气走向他。

那个时候，我所面临的学习压力大到"爆表"。而我已然对他产生依赖，常常在自习时想他，回味和他的对话，然后不自觉地傻笑。因他而分心，使得背着沉重学习任务的我站到了悬崖边。

在成绩下滑、老师失望之后，我痛定思痛，认为自己目前爱不起。摩羯座的理智和冷静战胜了青春期的感情萌芽，我做出了一个悲壮的决定。我想，纵容感情发展只会互相耽误，此时应该把全部精力放在学习上，分头努力，等到我们考上理想的大学，才有资格拥有更多。

那时我天真地以为，我只要按下暂停键，就能把我们之间的小情愫定格下来保存，以后再和他一起走更远的路，奔赴属于我们的更好未来。

高一下学期末，我不知道该怎么把这个决定告知他，就单方面终止了跟他的联系。为了让自己狠下心,他的留言和询问我也一概不理。

我准备了一个本子写日记,每一篇的开头都是"亲爱的某某"。我原想,写完整本在高考结束之后交给他。可是后来,我忙到忘了写,也忘了他。

两年之后,当我考上理想的大学,回头试图找回被我单方面暂停的一切,却发现,我们没有朝同一个方向走,所以走散了。怀着执念,我与高考失利将要出国读预科的他拉扯了一段时间,最后不得不接受一个现实——那个属于我的16岁的少年不见了,我已经错过了他。

后来,我在人生路上遇到了刻骨铭心的爱情,有过朝夕相伴、牵手同行,也有过痛彻心扉、分道扬镳。后来的20多岁的恋爱,独立体面,成熟深刻。

不过,回想起高中时被我硬生生拦下的那一份感情,我仍然觉得那也称得上"爱过"。它虽然青涩,虽然狼狈,但是有陪伴和付出,有守候和责任。而与他曾经相伴的那一年,也给我留下了许多值得怀念的快乐和温暖。

许多年后的一个春节,我们都回到家乡,在朋友的聚会上相遇,他已为人夫,我也有了恋人。时隔多年故友重逢,无关风月,满是亲切。正巧那年情人节赶上年关,晚上已经有人在路边叫卖玫瑰。我与他顺路一起回家,一个卖花的女生向我们凑过来,热情地招揽生意:"先生,给你女朋友买束花吧!"

我们停下脚步,一时有点尴尬。然后他笑了,转头问我:"你要吗?"我也笑了,摇摇头说:"不用。"

或许这就是时光的玩笑与温柔吧。

一定是16岁那年的我许过什么太真诚的愿望,才能让我的中学爱情,在那么多年之后,还有回响。

一封百年前的诀别信

□米芷萍

> 爱情是神圣的，是战争、时间都拆散不了的历久弥坚的信仰。

我丈夫是挪威人，喜欢收藏国外邮票和信件。数年前，我们在当地老信件拍卖会上拍得一封信。而从那以后，我对战争和爱情有了不一样的感悟。

这封信的信封因为年代久远保存不佳，字迹已经看不清楚，但信封中的信很好识别。信由德语写成，丈夫熟知德语，给我讲述了这封信的内容。

这是一封参军的丈夫写给新婚只有三个月的妻子的信。第一次世界大战爆发，他被迫参军。离开后，他写信给妻子，说："这一走，我们将可能是永别。"他对妻子说，如果战争结束了，他没有回来，希望她改嫁，过上幸福的生活。他不会为此难过，会一直为她祝福。因为她的幸福就是他最大的愿望。这封信的落款年份是1917年，地点是德国。

这封漂洋过海的老信件，本以为会被长久收藏起来，但一个机缘巧合，改变了它和此信主人公后人的命运。

第二次世界大战爆发后，挪威也被德国侵占。我丈夫的爷爷就是一名德国士兵，在挪威认识了丈夫的奶奶。因为战争形成的政治原因，没有哪个挪威人会愿意和德国人接触，更不用说与德国人相恋。可爱情的火焰从来不会因为种族和仇恨而熄灭，反而让两个年轻人更加坚定了内心真实的想法。

两个年轻人的恋情被当时军队的长官知道了，奶奶告诉我，那个人只说了一句话："爱吧！上战场之后，也许明天就没有了爱的权利。"在那个年代，战争都不是用理智来衡量的，何况是人的本性——爱情？对冲动的克制，也许会抹杀最美好的东西。用感性打破枷锁，用理性看待生活，这才是真正懂生活的人。而在战争中，人的命从来不由自己左右。那么，为什么不去爱呢？两个年轻人抛开一切，抛开战争、仇恨与生死，就这样爱着。

　　但是铁打的营盘流水的兵，丈夫的爷爷还来不及和爱人举行婚礼，就被派遣调动，然后一去不回。留给奶奶的除了那短暂的甜美回忆，还有一个孩子，一个出生后就没了父亲的孩子。

　　这个故事和我们收藏的这封信件中所描写的特别像，只是信中故事的背景是百年前的第一次世界大战。战争让两个真心相爱的人分开，让人惋惜和无奈。所以我和丈夫萌生了一个想法，想给这封百年信件找到主人，让它有所归宿，也算替信的主人圆梦。

　　我们按照信件上的地址，联系到收件人所在地的政府，说明来意后，相关人员答应协助我们寻找。一个月后，我们等到了回音，信中女主人公的儿子找到了，已经是一位101岁的老人，而女主人公早已逝世。

　　我们立刻把信件按工作人员提供的地址信息邮寄出去。后来，我们了解到，当时信中的男主人公确实在结婚三个月时无奈参军，不得已离开妻子和亲人。而离开时他和妻子都不知道，当时妻子已怀孕。之后，女人一直没有收到男人的信。在几乎人人断定她爱的人已经命丧战场时，女人仍然在等待他的归来。她发现自己怀孕后，又多了一份期盼，这份期盼不再是为自己，而是为两个人的孩子，她相信孩子的父亲总有一天会回来的。她一直未再婚，独自带大孩子。最终她还是带着遗憾，带着这份期盼离开了人世。虽然他们的孩子现在因年老疾病缠身而长卧家中，但对孩子来说，父亲永远是他内心一个难以对人诉说的挚爱之人。

　　爱情是神圣的，是战争、时间都拆散不了的历久弥坚的信仰。

　　我和丈夫最终把这封历经百年的诀别信交到两人的孩子手上，算是圆了原主人的梦。时光荏苒，这段故事已成为历史，但收藏的这封信可以使他们的后代将这段历史记忆。

光明正大地做个女孩

□潘少拉

> 娣娣走的那天,小路一直抱着她的芭比娃娃,他不太明白人死了会去哪儿……

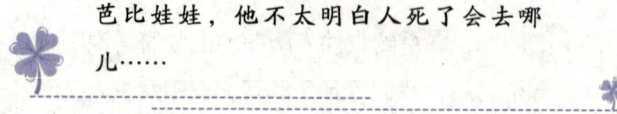

"娣娣为什么就可以买新玩具?"

小路气极了,他已经跟妈妈申请了很久要买一套变形金刚,妈妈总也不答应,可是娣娣才刚刚过完生日,妈妈居然又要送她一个芭比娃娃!这也太不公平了!

妈妈把小路拉到一边,说你一套玩具比妹妹三四套芭比娃娃都贵,而且你已经有太多变形金刚了,妹妹一直跟你玩变形金刚,现在她也想有个娃娃了。

小路气鼓鼓地回到了房间。绝食抗议到晚上10:00,被爸爸罚站也拒不认错。然而爸爸妈妈丝毫没有改变主意,他饿着肚子躺在床上睡不着。可一想到妹妹吃得饱饱的,还躺在温暖的被窝里,而且明天就会有一个新玩具,他就气不打一处来。小路偷偷爬起来去厨房,找到一块巧克力,往嘴里一塞,呸呸呸!什么味道!仔细一看,这块巧克力已经长毛了。小路赶紧冲到卫生间去漱口,惊动了爸爸妈妈,爸爸吼他不懂事,把他拎回卧室。妈妈倒了一杯牛奶给他,哄他说,以后不要再和妹妹抢东西了,你是哥哥。你的玩具比妹妹多多了,你要懂得知足常乐……

妈妈的话,小路一句也听不进去,一个绝佳的报复计划在他脑海里已经发芽。

第二天早上,小路趁妈妈不注意,把长了毛的巧克力擦干净塞进了娣娣的书包。上学路上他偷偷告诉妹妹,你书包里有礼物哦,谁也不要告诉哟。不但要报复妹妹,小路还拿出了自己的压岁钱,做好了离家出走的准备。一放学,他就坐上公交车直奔机场:机场肯定是最适合离家出走的地方,有吃有喝,温暖安全,而且还不关门。

然而计划并不顺利,在机场待了不到一晚上,他就被警察叔叔找到了。小路还没想好怎么认错,就已经到了家门口。警察叔叔敲开门,奶奶一把抱住小路哭了起来。奶奶匆匆送走警察叔叔，泪眼婆娑地看着小路说，妹妹要没有了。小路以为自己听错了，赶忙问奶奶："你说什么？"奶奶止不住地抹眼泪，说："路啊，昨天下午娣娣在学校吐了，吐得很严重，老师叫你爸送她去了医院，结果娣娣查出来白血病直接住院了。"小路满脸通红，白血病是什么？难道是我的巧克力害了妹妹？我今天也有点头晕，我是不是也有白血病？难道巧克力有毒？

小路跟奶奶去了医院，娣娣躺在床上笑眯眯地看着他说："哥哥，等我病好了咱们一起玩变形金刚，病好了我再拆妈妈给我买的芭比娃娃，病好了咱们一起去机场吧，我也想离家出走一次。"小路心里难受极了，他怎么也不敢告诉妹妹那块巧克力长毛了，是他害的她。

第二天小路问了老师白血病怎样才能好，也找同学帮他问，听说亲兄妹移植骨髓就可以救娣娣。小路问爸爸妈妈为什么不让他给娣娣一些骨髓，爸爸妈妈说他太小了，经不起这手术。可娣娣眼看着越来越虚弱，她小小的手臂上插着很多管子，手冰凉冰凉，越来越没有力气，最后她拉着小路的手说："哥哥，你给我的巧克力其实不太好吃，但是因为你好久没给我礼物了，我还是吃完了。"小路抱着娣娣大哭："娣娣对不起！"

妈妈一把抱起小路跑出病房，小路哭得停不下来："妈妈，是我害了妹妹，我不怕疼，把骨髓给娣娣吧！"妈妈脸上挂满了泪水，抱着哭得发抖的小路说不出话，好久才挤出一句："小路，别哭了，你没有错，你的骨髓救不了娣娣……"小路感到脖子后面滑过一行温热的泪水，妈妈的话像针一样扎在他心上："娣娣不是你的亲妹妹……"

娣娣走的那天，小路一直抱着她的芭比娃娃，他不太明白人死了会去哪儿……

小路后来长成了大路，然后有了小小路和小小小路。小路在美国定居了，只会偶尔在看到童年照片时才想起娣娣。直到有一天，小路翻报纸的时候看到一则新闻，说中国的男女比例已经达到1.12:1，但是在贫困地区还是有很多女孩被流产，甚至生下来就被抛弃。他想起奶奶跟他说："有天你妈妈下夜班的时候，发现医院太平间后门有一个包裹在动，她去打开一看，是个小姑娘。你妈妈给她取名娣娣，希望她做你的妹妹，也像你的弟弟一样，再也不会有人因为她是女孩而不爱她……"

小路拨通了报纸上慈善中心的电话，他要领养一个女儿，给她起名叫妹妹，使她即使成为他的女儿，也要光明正大地做个女孩。

你的喜欢，我会记得

□潘云贵

> 一夜夜的辛苦付出，我终于完成一封长达5页的情书，我心想，这足以感天动地。

第一次写情书，是在记忆中已被荒草覆盖的高中时代。那年，我18岁。情书的内容我已经记不清了，我唯一还记得的，是用楷体在信封上认认真真写下的收件人的名字。

青春年少时，我莫名其妙地就喜欢上了一个人。可能是她从我家门口走过时的背影特别纤瘦、好看，可能是她笑起来有一种让冬天瞬间变得温暖的魔力，也或者是因为她撑过的伞、看过的书、用过的笔记本正好是我喜欢的那一款。我也因此知道了她路过我家的时间、经常去的文具店，以及平日看书的喜好。我曾数次站在虚掩的门后，透过门缝看她走过，然后立刻背上书包出门，跟在她身后。

她是像马蹄莲一样的女生，温和、素淡，除了校服，她平常只穿单色的衣服，上面没有幼稚的卡通图案或者英文字母，也没有妖娆的花边。她的家教也许很严，她从不披头散发，头发不是剪短就是扎成马尾，显得清清爽爽。她从来不会买路边的小吃，也不会在卖零食的超市前停留半步，她一直向前走，马尾轻轻地一甩一甩，从来没有回过头，发现我的存在。

这样一个女生，她周身仿佛充满森林深处干净的气息，与那些喜欢争抢、化妆、嗑瓜子的女生都不一样。在她转学来到我们班后，我在上课时常常会因她而走神。她爱用蓝色墨水的钢笔写字，写在笔记本上的字就像风吹下的叶子，被她捡起，整齐地排列在一行一行的黑色横线上。她每周做语文摘抄，摘录的句子、段落都是很有哲理的那种。我印象最深的，是她抄过的《西西弗的神话》中的一段话："活着，带着世界赋予我们的裂痕去生活，去用残损的手掌抚平彼此的创痕，固执地迎向幸福。"那时我们还是十几岁的年纪，读法国作家阿尔贝·加缪哲学随笔的女生就像来自外太空，而我或许是因为好奇心作祟，或许是因为荷尔蒙太旺盛，所以迫切地希望自己能去她的世界里看一看。

那年毕业前，我开始写情书。夏天的周末，午后3点的阳光透过百叶窗照射进来，白墙上留下规整的灰色线条，如同一张信纸，任时间在上面书写着点点滴滴。我在姐姐的抽屉里找到了很多颜色素淡的信纸，一张张小心翼翼地撕开。

夏夜，入窗的月光明亮、皎洁，城市无风，略闷。我在台灯下一边擦汗，一边翻看民国时期文人写给自己恋人的书信集，花了近半个月的时间翻来覆去找了很多句子，再从中挑出自己喜欢的，在草稿纸上改了改，再一笔一画誊写到信纸上。因为想达到完美的效果，我不允许有任何差池，哪怕是一个标点写错了，我都要强迫自己重新写。其间，写废了多少张纸，汲了多少次墨水，我已不愿清算。

这样认真的劲头，我在以往看书、复习、考试时是从未有过的。一夜夜的辛苦付出，我终于完成了一封长达5页的情书。我心想，这足以感天动地。写完最后一页的落款"有一朵云喜欢你很久很久"后，我往未干的字上轻轻吹气，心里很高兴，像吃了很多糖。

也曾想过像偶像剧里那样老套地把信件放在她的课桌兜里，或夹在她的书中，或选择傍晚放学回家途中太阳余晖照在彼此身上这样明亮而隆重的时刻，把信交给她，让我多少个夏夜里纯情的念想得到她掌心的抚慰，也让我看到她羞涩地微笑着点点头。但我的内心养着一头畏惧的兽，牢牢地揪住我，让我放弃了这些想法。最后情书送出的方式是，我贴上了一枚80分的邮票，将它投向了那个呆板而沉默的绿色邮筒。

两天后，班长从班级信箱里取出信，交到了她手里。看见她拿起信的瞬间，我的心提到了嗓子眼，并努力把僵住的头往一侧摆，不想让任何人发觉我的异样。但我用余光看到她并没有拆信，只是看到信后愣了一会儿，便把信放到书包里，脸上的表情非常平淡，好像她曾收过千万封相同的情书，即使不拆也知道里面的内容。

一周以后，我没有收到她的任何回复，写在信里的联络方式像一处自作多情的伤口，被展示着。我心疼、难过，自己半个月熬夜得来的成果，难道就这样石沉大海？又转念一想，她是不是回去后忘记看那封信了？

不甘心的我决定亲自问问她。那天，她和几个同学值日，我站在走廊里等她，内心紧张、慌乱，和她一起搞卫生的同学先走了，教室里只剩下她一个人。我走进教室，她抬起头，用手指捋了一下飘到眉间的发丝看着我，眼睛里像是有泉水涌出。"这么晚了，你怎么还不回去？"她笑着问我。我瞬间说不出话来，只对她尴尬地傻笑了一下，在心里排演了几十遍跟她说话的场景、设想过的回应、理想中的后续，此刻都无影无踪。我多想喊住她，跟她说起我写的信、对她的情感，但直至她走后，在日光灯下空留一个很浅的背影，我都没有勇气说出自己的心事。

那一刻，我咬了咬牙，冲出去，想追上她。我满头大汗地跑着，喘着粗气，终于跑到她跟前。她诧异地看着我，很快从我的表情中读出她料想到的信息，表情恢复了往日的淡然。

"信……那封用蓝色信封装的信，你看了吗？"我用力从口中挤出这些字。

她摇了摇头。

"你是……忘记看了吗？"我很希望她能给出一个肯定的回答。

结果，她仍然摇了摇头。我立即转过身朝反方向跑，夏天真热，不知道是汗水还是泪水洒了一地，我眼前一片模糊。

我擦了擦湿润的眼角，强撑着忍住心里的崩溃，对自己说以后不准再做这样的蠢事，绝对不会有第二次了。

高考前一周，我在整理抽屉的时候，一封信掉落在地。我捡起一看，正是自己写给她的那封，完完整整，不曾被打开。

她是什么时候悄悄还给我的？我在脑海中检索不出一个答案。就在我把信放到书包里的那一刻，我看到信封背面有一行娟秀的字迹，那是她写下的："谢谢你做的一切，只是我真的不适合拆你的信，你的喜欢，我会记得。"

那个夏天在我的青春里打上了一块烙印，有我最天真的浪漫，有我最隐秘的忐忑，还有我铭记不忘的忧伤。有些人，你念念不忘，她亦有回响；有些人却自此杳无音信、下落不明。她和这封信就这样被永远定格在我十几岁时的世界里，没有回声。

我爸妈的爱情

□廖明强

> 其实，他们两个都是不懂得如何表达爱的人。

在我的记忆中，爸妈的感情好像一直不怎么好，他们就像一对冤家。

仔细回想一下，我几乎没见过他们手牵手出门。结婚纪念日之类的节日我也没见他们庆祝过，甚至两人很少有稍微软着口气讲话的时候。

我小时候见他们吵架的次数，就跟吃饭一样频繁。所以，在大多数情况下我和姐姐都是抱着旁观者的态度，既不会拉着他们俩说不要吵了，也不会害怕得躲在房间里不敢出去。

有一次，他们吵得很凶，已经到了摔东西吵着要离婚的地步。

妈妈扯着嗓子喊："离婚！离婚！我再跟你过下去，我就不姓舒！你信不信？"爸爸气得暴跳如雷，"啪"的一声把碗砸到地上，摔门而去。关上门时，我还听见爸爸在外面咆哮如雷："离吧，离吧，赶紧离了！少拿离婚吓唬我！离了谁不能活？"

妈妈红着双眼搁下碗筷回了房间，她关上门，我依然能听见她那沉重的叹息声。万籁俱寂之后，我仔细听，还能听见妈妈躲在房间里小声啜泣。

我半夜起床上厕所的时候，看见妈妈开着玄关的灯，另一道门的锁还没锁上。餐桌上的剩菜都被盖上了盖子，旁边放着一副干净的碗筷。爸爸摔在地上的白米饭和瓷碗的碎片已经被打扫干净了。过了一会儿，我听见有人开门的声音，接着，从厨房里传来细碎的声音。

"是爸回来了。"姐姐打开台灯，轻声说。我掀开被子一角，看向时钟，指针不偏不倚地指向晚上11点。我的眼睛似乎被暖黄色的光刺痛，我拭去眼角的泪水，暗自祈祷他们不要再吵了。

爸妈既不是青梅竹马，也不是同窗好友，而是通过传统的相亲认识的。两个人到了该结婚的年龄，双方家长托人介绍后，他们相约去看了一场电影。初次见面，爸爸就给妈妈留下了极差的印象。妈妈现在回忆起来，还会埋怨地说："你爸看电影时呼呼大睡，别提有多没礼貌了！"自那次见面后，两人就再没联系过。再次见面是在半年后，妈妈的同学结婚，爸妈都去参加了婚礼。也说不出什么具体的原因，两个人重新开始接触，相处了一段时间，彼此没有大的分歧，双方家长也算满意，他们就领证了。

这样的婚姻听起来没有爱情，没有理想，没有热情，只有法律和传统所维系着的一份责任而已。我常想，或许爸妈的结合一开始就是一个错误，所以后来的不幸福也是理所当然的。

他们那辈人相信的是生肖之间的匹配度。果不其然，爸爸属鸡，妈妈属狗，两个人在一起就是"鸡犬不宁"，十足的"冤家路窄"！

爸爸是一个怎样的人呢？是一个不懂浪漫、没有情绪，但会为了一家的生计奔波劳碌的人。

妈妈是一个怎样的人呢？是一个任劳任怨，做什么事都会把家庭放在第一位的人。

其实，他们两个都是懂爱却不懂得如何表达爱的人。

妈妈常说："半辈子都过来了，一辈子也能将就着过。"妈妈用此作为与爸爸共度一生的借口。就算是问爸爸，他也会对我们说同样的话，但我们仍能清楚地看到妈妈心底最柔软、善良的那部分，也看得到爸爸心底最温柔、体贴的那一面。

其实，冤家也能路宽：

她在他摔门离家后，仍为他留着温热的食物；

她在他工作到深夜尚未归家时，为他留着灯，等他回来后才睡；

她在他每年过生日时都费尽心思准备一桌美味的食物；

她在他生病时没日没夜地照顾他；

她在阴雨天时，会惦记着把他养的鸟拿回屋里；

她在逛花市时，寻找他喜欢的植物；

她在他的朋友来家里喝酒玩乐之后，毫无怨言地收拾房间；

她在他人生最穷困潦倒的时候，在他身边鼓励他；

虽然他看起来不懂浪漫，但有一次他出差时，为她买了一套精致而贵重的红宝石首饰；

虽然他从来不曾许下什么诺言，但在她遭遇人生最大的伤痛时，扶着她的肩说

"还有我"；

虽然他平常看起来对她漠不关心，但当她每次出门聚会晚归时，他会默默地担心她；

虽然他像她说的那样有点小肚鸡肠，但每个月都会把自己的工资如数交给她；

虽然他在事业上没有太大的成就，但他仍在为这个家而劳碌奔波；

虽然他的毛病多到有时她都懒得抱怨了，但她也没有后悔过现在的生活。

直到今天，爸妈还在为穿裤子的方式而争吵。

"我说过你多少次啦，裤腰不要提那么高！看起来很老派！"妈妈对试穿新裤子的爸爸提意见。

"我习惯了嘛。"爸爸对着镜子美滋滋地提了提裤子，又补充了一句，"裤子好像有点紧。"

"别挑三拣四的了，现在不流行宽松的裤子，都是穿合身的。"妈妈看着穿上自己为他买的新裤子的爸爸，露出笑颜，但见他不自觉地向上提裤子，不由得又皱起了眉，"你把裤腰放低些穿才好看。"

爸爸屏住呼吸，把裤子往下拽了拽，妈妈起身走到镜子旁边说："你转过去，我看紧不紧，紧了赶紧去换。"爸爸转了一圈，弯起嘴角说："不紧不紧，正合身。"

妈妈看了看爸爸，笑眼弯弯。阳光洒在他们身上，泛着一层柔和的光晕。

慢慢地，他们在生活中滋长出的矛盾与隔阂，随着时间也萌发出温暖与美好。无论那里面曾经有多少不安的分子在跳动，但在那里，有我最亲爱、最伟大的爸爸妈妈，安放着我最温暖、最安全的家。

我懂得你们的爱，也看得到你们的爱。

那是一种深藏的爱。

我因爱上你而渴望长命百岁

□欧阳十三

> 真好，有你的世界，永远是个小姑娘。

隔壁病床上，躺着一个骨瘦如柴的老太太。

她有80多岁了吧，整个脸颊凹陷下去，五官藏在皱纹里，浑身上下只晃悠着一层皮。我注意到她时，老太太正在跟医生护士"作战"，一旁陪伴的老伴在不停地劝慰她。

"不插尿管！不插尿管，我不要插尿管啊！"老太太哭着抗议。

两个小护士按住她的身体，医生费了老大力气才把尿管插上，医生抹了一把额头上的汗，有些无奈地嘱咐一旁的老头子："别再让她拔掉了，这都是第几回给她插了！"

老头子连连点头，满脸愧色，好像拔尿管的人是他自己。

在病房待了快3个小时，这对老夫妻就插尿管的事讨论个不停。中间他们的儿女来过一次，也是五六十岁的年纪，待了没多久，只说身体吃不消就走了。

临走前，儿子用丝巾把老太太的手缚住，系在床头护栏上。他大声对父亲讲："妈脑子都不清楚了，你跟她讲什么道理？还能一直看着啊？不是拔尿管就是拔针头。你把她给惯的！"

老头子不说话，看着他们嘿嘿笑，说急了干脆手一挥把孩子们都轰出去。

老太太拖着哭腔抱怨："我不插尿管嘛，不要插尿管，难受！"

老头子走过去，把丝巾解开，佯装拍打她的模样："给你解开了，不许拔尿管了啊！咱们要听医生的话，插尿管好嘛，好了就早点回去嘛！"

"那我不舒服怎么办？"老太太的语气，竟然满是少女的憨然。我从她的皱纹深处，读到了一种撒娇的表情。

"那就忍一忍，我给你讲故事啊。给你讲个书上的故事……"老头子把眼镜戴上，开始给她念书。

我挣扎着，没熬过困意，陷入沉睡。不知道过去了多久，醒来时看到老头子气急败坏地指着老太太，叹："你怎么就这么不听话啊？又悄悄拔了尿管！你说你，你还能起来尿啊？"

老太太眨巴着眼睛，一声不吭地望着老头子不说话。

"看我干吗？我老了，抱不动你啦！"

老头子把一根手指头伸出来，点点点着，就快戳到老太太额头上了，最终还是收回去了。这时，护士过来巡视了，他赶紧把尿管塞到被窝里，拉出尿袋挂着，假模假式地说："想要尿尿告诉我啊，给你把阀子开了。"

凌晨三点多的时候，老太太果然尿了，尿了一床。老头子一边给她擦洗身子一边叹气："你说你，羞不羞啊？这么大年纪了，还尿床！"

老太太用手捂住脸，笑得肩膀一抖一抖，嘴上还反驳："我刚叫你扶我起来，你睡着了嘛！"

"得，你给我做了几十年饭，敢情现在都要跟我讨回来咯！"老头跟着乐。

快天亮的时候，老太太把手伸出来，对老头子说："系上吧，系上吧，一会儿他们要过来了。"

老头子咧嘴笑："你倒是蛮明白嘛！"

真好，有你的世界，永远是个小姑娘。

给所有沉默的人

□罗艺尘

> 做自己喜爱的事,过自己想要的生活,会动荡,会艰难,但可以给自己写一个大写的"赞"。

1

学生时代大家有个乐趣,就是同学间相互起外号。

我的外号叫"小结巴"。

我从小就在军区礼堂看电影,放映员是我家的常客,于是我有机会进入放映室。那时我只觉得神奇无比,人物、音乐、故事,都藏在一道光束里。

终于有一天,我忍不住伸手去摸光束,银幕上赫然现出个黑巴掌,观众一片骚动。

"滚蛋!"放映员厉声猛喝,推开我,"叫你爸收拾你!"

那声音巨响,几乎震碎心脏,我想说我不是故意的,却哑然失语。之后我讲话就不利索了。

结巴的世界,是一个难堪的世界。

最怕当值日生,喊"起立""敬礼"。"起、起、起……"全班同学蓄势待发,就是起不来。终于起立,然后我:"敬、敬、敬……"

起初大家都乐,后来烦了,说别让"小结巴"值日了,太累。至此我被排挤,很少有人找我说话。

同桌女孩是个话痨。有一次我跟她一起办黑板报,她说:"好无聊,我们聊聊天吧。"

我拼命点头,然后她就独自说了半天。因为我还没吐出来一个字,她已经转入下一个话题了。

2

我们读初中时流行看武打片。课间，男生拳脚挥舞，模仿着武打片里的武术动作，嘴里自带音效，大呼小叫：力劈华山、黑虎掏心、长虹贯日。

武林高手都是一根筋，喊什么招，出什么招。我出主意说："兵、兵不、不厌诈，喊力、力劈华、华山，出、出手用猴、猴子，偷、偷桃。"

结果就乱了套。大家打出仇恨，玩闹变成斗殴，有人伤筋断骨。

班主任追查事件起因，查出我是罪魁祸首，从此认定我很坏。

于是我的日子更加难过，变得越发沉默，很多天不说一句话。越沉默，越说不出话。有的同学干了坏事，便推到我身上，我解释不清，只能默认。

3

很长一段时间，我的各科成绩均排名全班末尾。

期末考完试开家长会，班主任为鞭策末等生，想出个奇招——让成绩排在最后十名的学生家长，在讲台上坐成一排。

家长倍感羞辱，回家暴揍孩子。

有的同学成绩虽差，但人缘好，或者搞集体活动特别能干，也会受到赞扬。但我因为讲话有障碍，集体活动表现也很差劲，就只有挨批评的份儿。

沉默让我自卑。自卑的人尤其敏感，我觉得日子十分难熬，特别不想上学。越不想上学就越容易犯错，犯了错就得写检查。我无师自通，把检查分成三段式：犯错缘由、犯错过程、改错方法。

检查的末尾铿锵有力地来一句：为实现什么什么而努力奋斗。尤其犯错缘由，我细挖思想根源，写得椎心泣血，读之令人潸然泪下。

班主任对我写的检查大加赞赏，并在全班朗读。首次受到表扬，我既羞涩又兴奋。

之后，很多同学找我代写检查。我还有个与生俱来的"超能力"——模仿笔迹。检查必须由家长签字，于是我当过很多同学的"爹"。

4

慢慢地，大家开始善待我。

而我对于写检查，则产生了浓厚的兴趣，因为它带给我自信。

久而久之，我发现，其实人人都喜欢听对方认错。我认错的水平又特别高，时至今日，我也很擅长道歉，常常能化干戈为玉帛，让对方转怒为喜，破涕为笑。

初中时，跟我关系最好的小伙伴是学霸"老马"。他样样优秀，唯独写检查艰难。于是他找我代笔。

"老马"将我写的检查翻来覆去读了几遍，挠着头问："你是怎么想出来的啊？"

"外、外婆说，是、是天、天生的。"

最难过的日子里，外婆给我出了个主意：以后遇到事情，讲不出来就写出来。

很奇怪的是，我说话费力，提笔写东西却异常轻松。事情的来龙去脉，人物的动作表情，都描述得清晰生动。渐渐形成习惯，遇事我就写下来。

初三那年，一部港台电视连续剧热播，受到大家的追捧。可临近中考，几乎所有同学都被家长限制观看，剧情的悬念却搞得人心慌意乱。

我又急又恼，心想，不让看，我干脆自己编。于是写续集，一个同学看了，大呼过瘾，传给另一个。

一传十，十传百，全年级的同学都在传阅。

后来，我中考落榜了。

5

我们家族中孩子的成绩都不错，唯独我一塌糊涂。

落榜后，我受到长辈的轮番抨击、奚落。在他们眼里，我的前途不堪设想。

外婆说："别难过，明年再考，考不上也不要紧。外婆就没读过书，不识几个字，但把他们一个个都养大了。"又说："不要逼自己，你和他们不一样。"

沉默的日子里，我喜欢戴上耳机听音乐，有一天偶然听到齐秦的歌，狂放且深情。

好歌如感人的故事，娓娓细述，拨动心弦。我翻来覆去地听，听着听着，不觉唱出声。

老房子不隔音，打个喷嚏都响彻整条街。有一天我正在哼唱，对面女孩在阁楼上叫："哇，唱得好棒！"

我异常兴奋。

转天，她又说："如果你会弹吉他，边弹边唱，就更酷啦。"

我去找家人要钱买吉他，却遭到一顿训斥："你讲话结巴，连高中都考不上，就知道玩，将来能有什么出息？"

外婆怒了，气呼呼地说："他成天不出声，唱几句你们还骂。再逼他，我吐你们一脸口水！"

几天后，外婆托人买了一把吉他给我，我爱不释手。

6

高二时，在美容美发店，我碰到一个邻居，他认识的一个声乐老师常来这里做头发，于是介绍给我。

我至今记得头一次见声乐老师的情景。

我说："很、很怪，我说、说话结巴，唱、唱歌就不、不、不会。"

她笑笑说："练呼吸，腹式呼吸法、胸腹联合式呼吸法，都练练。"

开始几个月里，我天天练呼吸，练气泡音，练"狗喘气"，感觉有人扔根骨头我就会扑上去。

意想不到的是，经过几个月的呼吸训练，我说话竟渐渐流畅起来。

声乐老师说："心里紧张，呼吸不畅，说话就不利索。所以你要坚持练呼吸。"

基础训练后，学唱练习曲，我却踩不准节拍。声乐老师反复纠正，我依然如故。

她终于火了，说："你嘴不利索，耳朵也不管用啊？我弹我的，你唱你的，打算气死我是不是？"

然后她"啪"地盖上钢琴盖，打开节拍器："自己站着听，听到耳朵生茧！"

然后我就抄乐谱，听节拍器。一个月后，节奏终于全无问题。

声乐老师眉开眼笑："你这孩子真是挺怪的，简单的你费牛劲，很难掌握的咽音、颤音，你又特别有悟性。"

7

沉默太久，我也想在这个世界上发出些声音。

高中以后，我的功课几乎完全荒废，成绩差到无敌。语文勉强能懂，别的课，都感觉老师在讲外语。尤其弄不懂几何题，明明量角器一测就能解决，非要徒手证明。

这让我十分震怒。

自从讲话流畅后，上课我就和同桌狂聊。如同长期窘困的人，终于发了笔横财，便大肆挥霍，以报复过去受穷的日子。

同桌也是个"神经少女"，话也很多。可她反应快，老师一转脸她就迅疾闭嘴,所以受伤的总是我。

因为上课讲话,我多次受罚却不思悔改。

有一次班主任让我滚出教室。我吊儿郎当地往外走,嘴里仍喋喋不休。她勃然大怒,把我的课本、文具全部扔到教室外的走廊上。

我一边捡东西,一边含恨想:将来老子一定要报仇!

多年后,我在一家超市遇见她。

她已退休,人胖了两圈,身穿一件买牛奶时商家送的T恤衫。超市人挤人,她被撞了一下,手上的大包小包掉落一地。我走过去,弯下腰,帮她一样一样捡起来。

她没认出我,很客气地说:"谢谢,谢谢你啊!"

我忽然觉得,她生活得也不容易。尽管当年我的退学,与她不无关系。

8

青春期的叛逆像弹簧,越压反弹越强。我对读书全无兴趣。如我这般的末等生,是班主任的眼中钉,日子很不好过。越读越难受,我透不过气,看不到前景,就想退学。

这想法让父母和其他长辈差点儿疯掉。他们一致放出狠话:"真是做白日梦!你能唱歌,我用手板心给你煎鱼吃!"

我不管不顾,毅然退学。准确地说,是长期旷课,被班主任劝退。

后来,外婆揣着两千块钱,到学校给我领了一张高中毕业证。

这张毕业证,我一次也没用过。

如今翻开,看着证件照上的少年,往事就像黑白老电影,画面布满明灭的斑点和划痕,轻轻抖动。

刚退学的日子比较难熬。家人生怕我在啃老领域修炼成专家,天天对我抛白眼。

声乐老师推荐了几家酒吧,让我去试唱。试唱几次后,被其中一家选中,每晚唱五首歌,唱一晚结一次账。

从此我昼伏夜出,晃晃荡荡。

9

大多数人的生活轨迹千篇一律:上学念书,毕业工作,结婚成家,繁衍后代。

但总有些人不同。在青春晃荡的岁月里,几乎所有的人都说:"你的生活是赌博。"我无意反驳。

仔细想想，人生做的很多选择，无一不是赌博。越难抉择的事，赌注越大。只是有的胜算大些，有的胜算小些。

不必按别人指引的路去走，随波逐流未必就安全。

做自己喜爱的事，过自己想要的生活，会动荡，会艰难，但可以给自己写一个大写的"赞"。

这世上没有末等生，人人都能以梦为马，去往一心想到的地方。纵然沿途无人喝彩，心有挚爱，终会拨开阴霾，望见碧水蓝天。

我曾结结巴巴，说不出话。

我曾蜷在角落，畏葸不前。

但那天，我在酒吧唱出第一首歌，齐秦的《沉默》。

有人听到落泪。

原来，我们都曾在孤寂岁月里独自难过。

原来，所有沉默的眼泪都会在时光里凝成琥珀。

站远一点儿才有机会去感动

□郭韶明

> 你终于认识到,亲情好像存在一个悖论:当你和家人的物理距离近了,心理距离却远了;物理距离远了,心理距离又近了。

站在15层的落地窗前,看着他和小朋友欢乐地去乘校车。5岁的小姑娘马尾辫甩得很有节奏,如果孩子母亲跟着下楼,一定看不到这些。

任谁看来,她们母女间的距离都是恰到好处,没有太远,让彼此觉得生分;也没有太近,让彼此觉得腻烦。

哈金有一部短篇小说《两面夹攻》,说的也是亲人之间的距离。

在美国的儿子终于把在老家的母亲接到身边了,却发现,母亲一直没弄清在这个家的角色。儿子干脆以辞职为代价,让母亲意识到妻子在家里的地位,并打算趁失业之机让母亲回老家。计谋得逞,儿子却很难过,想起16年前参加高考,母亲撑着一把伞站在雨中等他,手里提着饭盒、汽水和用手帕包着的橘子。他俩各自湿了半个肩膀。"要是他能再对他们无话不说该多好。"

可是,和你的家人无话不说真的是一种理想状态吗?未必。起码,16年前的儿子,大概不会觉得当时的饭盒和汽水那么真实,那么值得回味。远离现场,以及与现状的对比,会让那个普通的雨天变得不太一样。

不久前在父母的家里,看到一封大学时代写给老爸的信。妈妈告诉我,老爸读完信,泪流满面啊!我喜欢数老爸的流泪次数,既然要数,肯定不多。第一次在另一个城市,和父母隔着300千米,好像之前18年所有的好感,全都跳了出来。

而现在,当我自嘲"煽情能力还挺强"的时候,与父母的关系依然是个跷跷板。同住的时候,会针尖对麦芒;隔空对话的时候,却你一言我一语的全是关照。

当然可能会有人不同意。

他们说,亲密无间、有话直说不是家庭沟通的理想状态吗?有什么话不能和最亲近的人说呢？说吧！你的麻烦，你的压力，你的昨天，你的明天。你希望我做什么，你得说啊，你不说我怎么知道呢？可是，过多的语言和过度的交流，没有让他们走得更近，相反，他们会惊讶，我每天都在交流啊，为什么家人还在抱怨：你都不知道我在说些什么！

也有一种距离，你觉得很远。

尤其是老一代的知识型父母，他们天然地保持着对亲情的克制，于是你感觉不到他们的"亲"，或者他们自己也没弄清，如何在清高的身段下展示内心的情感。于是距离成了一道跨不过去的障碍，他们的家人，可能一辈子都觉得，这个老太太心里没有爱，而实际上，是压抑让本性的一些东西藏得太深，谁也看不到。

你终于认识到，亲情好像存在一个悖论：当你和家人的物理距离近了，心理距离却远了；物理距离远了，心理距离又近了。

其实站远一点儿，不只是指现实中的距离，更是内心的一种独处。身在其中的时候，更多体验到的是一种胶着，悠然的状态总是要等到回望的时候，才能真切地体会到。

站远一点儿，也是一种适度的抽离。你知道家庭的中心在哪里，也知道活动的半径有多大，关键是，有的时候，你需要离开那个过于活跃的地带。作为观众，看看你生活着的那个现场，重新参与其中的时候，你一定会看到更多从前没看到的那些瞬间。

她更新了一条微博：原来家里有不少好听的CD，平克·弗洛伊德的《迷墙》，窦唯和不一定的《九生》……几天后，CD架有了一点儿小小的变化，有几盒是半抽出来的状态。她随手拿一张，听完再拿，很快就发现，这是家里的那个音乐发烧友留的作业，或者说，一种不动声色的干预。

他不说，她也不问，只是放心去听，听完再放回去。当CD架重新齐整的时候，她的作业也就完成了，他继续新的推荐。

他们之间，不再像前些年一样迫不及待地迎合与配合，越来越习惯隔着一点儿去交流。当然，她也可以故作没发现，或者不接招，那么他就不会再出招。

你可以说这是一种距离，但这种距离不是被时间逼出来的，而是自己本能地想要站远一点儿，好像这样才更有机会去感动。

我身披铠甲，却遇见了太阳

□陶瓷兔子

> 真正的接纳和爱，并不是挑挑拣拣的评头论足，而是爱那个完整的你，连缺点也会尊重。

每个人都像一把火炬，有一些生来就能熊熊燃烧；而另外一些，他们等待着被点燃，被唤醒，直到遇到自己的太阳。

不羁的青春

周白是我所有朋友里，最不像是我朋友的姑娘。

在我还穿着丑陋而宽大的校服在教室里背课文的时候，周白就已经攒下一个月的早饭钱，偷偷将自己的头发染成金黄色。她被班主任叫到走廊罚站，那头金灿灿的头发尤其耀眼。她满不在乎地对着班主任的背影做鬼脸，之后又冲我打个手势，我知道，她又要翻墙出校门了。

如果说人以群分，那么周白和我，注定不是一个世界的人。但从小学开始，我们两家就是对门，她常常在午饭的时候来敲我家的门，眨着那双圆圆的杏眼，可怜兮兮地看着我妈，说"阿姨，你烧的肉好香啊，我都没心情写作业了"，然后便顺理成章地分一杯羹。

那时还没有"留守儿童"这个词，周白的脖子上常年挂着家里的钥匙，而她南下赚钱的父母，三五个月才回来一趟，他们给她买很多书，很多零食和衣服。周白总是将衣服留下，却将书和零食全都塞给我。

"你负责好好学习，我负责好看就行了。"周白说完，理直气壮地把老师布置的作业揉成一团，潇洒地扔进垃圾桶。

周白好看啊，那是真的好看。

我曾经无数次嫉妒她精致的酒窝，嫉妒她笑起来会流转的眼波，嫉妒她纤细的腰身和像小鹿一般健美的长腿。她长个儿早，早早突破了1.68米大关，而我当时身高不到1.5米，站在她身边就像个还没长开的、木讷而丑陋的小孩子。

好在我并没有太多的机会跟她一起回家。从初三开始，她几乎每天都逃自习课，跟一群被老师称作"不良少年"的小伙子嘻嘻哈哈地结伴离去。

不妙的尝试

周白没有上大学，也没有工作。我有次回家的时候遇上她，晚上我们坐在小池塘边聊天。

"我有时候也在想，自己要怎么样才能变成一个好姑娘呢？"她叹口气，轻描淡写地说，"我喜欢上了一个人，他是个好学生，G大的，好像还是学生会主席。"

我脑中顿时浮现出周白为了追求男神脱胎换骨成小白兔的画面，于是积极地给她出谋划策，从买衣服要选淑女款，到每周摸准了课表去大课教室跟男神偶遇，甚至还给她恶补了几句听上去特别高大上的伦敦腔，以便在英语角搭讪。

不是说喜欢一个人，就会找到让自己变好的动力吗？

没想到，还没过两个月，她就给我打来电话："我决定不喜欢他了，为一个人改变自己，太累了太不划算。"她调整了一下呼吸问我，"哎，你这周回家不？我想去文身，你陪我吧！"

我险些忘了，她不是一般的姑娘，她是从小就不按常理出牌的周白啊，怎么会按照我的剧本演戏？

我明里暗里劝过她几次，她都是一副毫不在乎的样子。

"我知道你心里肯定看不起我这样儿，但人和人是不一样的，可能我注定就是没什么出息的那类人吧。"她说。

我几乎毫不怀疑地认为，这就是她的一生了。

不美的情话

遇到大李那年，周白24岁，正是事事不顺的本命年。

大李不帅，一点儿都不酷，甚至还有点微微的肚腩。据他说，那是做IT工作长期伏案的结果。他和周白是在一次聚会上认识的，而周白当天，甚至都没有注意到对面还坐了这样的一个人。

大李喜欢周白，明眼人都看得出来，但周白看不上大李，却是连看都不用看就知道的事实。

对于大李的追求攻势，周白还是坚持自己一贯的策略，不拒绝，也不答应，大包小包的礼物提回家，约饭约咖啡十次应承一次。

周白24岁生日的时候，不知道大李花了什么样的血本，才让周白答应了和他一起吃饭。

在车上，周白习惯性地正要点烟，被大李制止，他单手在方向盘旁边的抽屉中摸了一下，扔给她一条女式烟："上个月去日本出差专门带回来的，你烟瘾这么大，这个对身体好一点儿。"

周白一愣："你喜欢我抽烟？"

"我喜不喜欢没关系，但是你喜欢啊！"他开着车，完全没看周白一眼，"我既然没有办法让你不喜欢，就想尽量把最好的给你。"

这并不是周白听过的最肉麻动人的情话，甚至连一句表白都算不上。或许是那女士烟薄荷的香味太过浓烈辣眼睛，一向号称刀枪不入的周白，忽然有些想哭。

她被很多人喜欢过，却从来没有人爱过她。她以前从没有遇到过这样的人，像是在暗夜里一个人走了很久，忽然看到了光。

他们喜欢她巧笑倩兮，喜欢她秋波盈盈，却从没有人喜欢过她这个人，以及她所有的坏习惯。

有些人想要占有，有些人想要改变，有些人想要征服，但她从未遇到过任何一个像大李这样的人，毫无条件地接受她的缺点。

不俗的蜕变

周白慌了，第一次像个陷入初恋的小姑娘一样束手无策，她在深夜打电话给我："我觉得我配不上他，我要是现在开始改变，会不会太晚？"

她像是变了一个人似的，找了一份文员的工作，每天朝九晚五，有时还加班。周末也给自己报了两个培训班，风雨无阻地去学习。我看到过她的笔记，好像是要把自己的学生生涯全都补回来的架势。

她报了成人自考，大李陪着她一起，我远远地看到周白站在布告栏那里抄着课表，微仰着脸，卸下一身防御和叛逆，柔顺洁白得像是一个小女孩。

他们领结婚证那天，正是周白26岁生日，也是两人恋爱两周年的纪念日。她辞掉了小公司里文员的工作，一步步从酒店服务员做到了大堂经理。

有人说，最好的爱情是你走进去的时候是个女孩子，走出来的时候是个女人。但对于周白来讲，最好的爱情是走进去的时候是个女人，带着一身的沧桑世故和算计；走出来的时候，却变成了一个天真柔软的女孩子。

真正的接纳和爱，并不是挑挑拣拣的评头论足，而是爱那个完整的你，连缺点也会尊重。

我家的旧影集里还保留着周白上中学时的照片，一身的桀骜不驯，一脸的无所畏惧，骄傲中藏满了惶恐，叛逆中又藏满了委屈。她的混沌度日，她的玩世不恭，像是一层自以为坚强的壳，而那刀枪不入、百毒不侵的伪装，终于在爱中通通卸下。

每个人都像一把火炬，有一些生来就能熊熊燃烧；而另外一些，他们等待着被点燃，被唤醒，直到遇到自己的太阳。

这或许，就是爱情最伟大的能量。

愿世间再无版纳

□阿 舒

> 我们都欠你一句对不起。

在机场办登机手续，忽然得到了版纳去世的消息。

版纳是上海动物园的一头大象，今年54岁。大象和人的寿命差不多，从这个角度看，版纳不算长寿。

有哪个小朋友没有和版纳的合影呢？即使你不知道她的名字，至少也会记得，她是西郊公园里的"象鼻头"，还有那座外形和味道一样令人深刻的象宫。

在上海小朋友的心中，童年时期的西郊公园就是我们的"迪士尼"。

周六的晚上，早就憋红了脸把作业做得清清爽爽，还乖乖地替爸爸洗碗，帮妈妈叠衣服，马屁拍得上天，只为了获得一点儿提及"如果下次考试考得好，就可以去西郊公园"的机会。

去之前，要穿上平时舍不得穿的泡泡纱公主裙，头发绑上蝴蝶结，书包里放好橘子水、面包和瓜子，再偷偷藏一根香蕉——是给"象鼻头"的礼物。

橙红色的57路公交车，是市区通往西郊公园的唯一线路。我有个朋友，直到现在还会做这样的梦——坐57路去西郊公园，半路车坏了，她急得哇哇大哭。

这是她童年真实发生过的永远的阴影。

而我的童年阴影是回程。因为人太多，在57路上，漂亮的蝴蝶结辫子被挤成了鸟窝，白色小皮鞋被踩成了灰皮鞋，我最终哇哇大哭。

后来看了《档案春秋》的报道，当时57路一部车上有33个座位，老司机姚家声亲历过57路的盛况："从下午3:30一直到5:30，是游客回家的高峰期，我们两分钟发一部车。一辆车会挤上来120个人，这是最少的，150个人的时候也是有的。"

难怪挤成那样。

1914年，太古洋行、怡和洋行、汇丰银行等8家银行各出官银1000两，收购了一家名叫"老裕泰"的马房，改建成"虹桥高尔夫俱乐部"。这是上海的第一座18洞球场，也是迄今档案资料保存最完整的上海老球场。

这座球场不对外开放，球场上打球的英国人大概怎么也不会想到，40年之后，这里会成为上海小朋友的"迪士尼"。

1953年，上海市人民政府收回这座球场，并改建成西郊公园。

1954年5月25日，西郊公园开放，只开了10天就被迫关闭了——因为日游客量最高达到了15万人次，园内花木被大规模损坏，园外的交通也严重堵塞。

修整一个月之后重新开放，采用的方法和现在的故宫一样——限流，日限4万张门票。

西郊公园迎来的第一头大象叫"南娇"。南娇最大的事迹是离家出走，《档案春秋》报道："一次夜里打雷，南娇吓得从象房西边一扇门逃出去，一直逃到七宝，把农田踩踏得一塌糊涂。"媒体前辈陆老师说，他的同学住在七宝老街，当天早上起来，推不开门，邻居大喊"你家门口有头大象"，这便是南娇。

到了20世纪70年代，南娇年近八旬，西郊公园是靠大象起家的，没有大象怎么行？西郊公园想出的对策是——组织捕象队，去西双版纳密林再抓一次。

捕象的整个过程相当艰巨，这从当时拍摄的电影纪录片《捕象记》就可以看出来。

最终，历时一年之后，终于捉到了小象版纳，大家还花了很长时间驯化版纳，给她吃拌了白糖的饭团，帮她洗澡，最后还是用拖拉机拖着，才把她从林子里弄了出来。

1973年，《捕象记》播出之后超级轰动，版纳也成了西郊公园新一代明星大象，我们心心念念的"象鼻头"正是版纳。

陈晓卿老师的《见证·影像志——捕象记》里，当时负责抓捕的西郊公园兽医华宝发表示，自己作为兽医，此时的心情是特别复杂的。打中大象之后，需要立刻去给大象打解药，这恰巧是之前出现过的，解药打得不及时而导致大象死亡的原因之一——实际上，在整个捕象过程中，由于使用麻醉剂量不准确而死了两头大象。随后，又捕到两头大象，分别因麻醉剂过量和饲养不善死亡。

也就是说，为了把版纳带回上海，西双版纳付出了5头成年野象的生命。

牺牲者还不止于此，在捕捉中有一头负伤的小象，长大后性情暴躁，多次出来伤人，致使数人伤亡。《捕象记》里记录，除了亚洲象，队员在丛林里看到双角犀鸟，也曾经打算抓回去供大家参观。《捕象记》导演罗拯生回忆，犀鸟当时正在孵蛋，因为捕捉方法不对，折断了犀鸟的翅膀，鸟和蛋都没能成活。

从1972年捕象之后直到1990年，偷猎亚洲象的均是当地居民，通常以自制的铜枪炮为主。"潘多拉之盒"就这样被打开了。

版纳在到达上海生活了一年之后嫁了出去，她的丈夫是来自北京动物园的"八莫"。饲养员说，版纳的母性极强，1978年，她生下第一个孩子之后，便不再卧地睡觉，夜晚只是靠着墙休息，日夜守护着自己的小宝贝。2006年某日，小象在运动场玩耍，一不小心滚到沟里去了，版纳一着急，自己也跳了下去。

长达40年的站立使得她的关节和脚底成了慢性损伤——版纳被捉的那一年，她才7岁。夜晚，捕象队听了一夜象群凄厉的叫声，那是版纳妈妈的呼唤。

也许，也是在那个夜里，版纳破碎的心里，残存了一个愿望，以后要保护好自己的孩子，决不让自己的惨剧再次发生。

她在上海生活了46年，和八莫结婚45年，生了8个儿女，2018年11月25日，40年之后，她终于支撑不住，倒了下去，这一次，再也没能起来。

上海动物园发布的有关版纳去世的消息上，有这样一段话："版纳，谢谢你这位来自西双版纳的使者，作为动物园里少见的野生象，你成了划时代的符号。随着人们对动物保护意识的觉醒，大象的盗猎已经逐年减少，你一定很希望看到这样的结果吧。"

是的，我们需要谢谢你。因为你，我们的作文总有各种写作素材；因为你，我们童年的梦境变得充满冒险；因为你，我们第一次知道了亚洲象的坚强和善良。

谢谢你，版纳，谢谢你陪伴了我们的童年，陪伴我们长大，而这一切，是以牺牲你的童年为代价的。

我们都欠你一句对不起。

愿这世上再无版纳。

老妈的 AB 面

□ 今世未央

> 别人家母女之间的代沟，都是当妈的不能理解年轻人的新时尚，而我和老妈之间的代沟，是因为她太新潮，我总是赶不上她的步伐。

1

我很小的时候，就意识到自己的妈妈和别人家的不同，她的人生，有AB两面。

大部分时候，她是A面，是个正常的妈妈，对我的要求也挺严格的。当然，她并不像其他妈妈那样爱唠叨，她偏理智、冷静，不太爱说话，也并不爱笑，甚至有时让人感觉有点冷血。

但有的时候，妈妈就完全变了一副模样，她拉着我一起疯狂，带我去新开的弹跳乐园学高难度的蹦床技巧，去各种深巷子里找老字号小吃，完全忘记了我还是个需要学习的学生。

在我问到她为什么要和我爸分开的时候，如果碰到我妈的A面期，她的回答充满正能量，她会小心翼翼地呵护我敏感的心："我和你爸是因为性格不合适，所以不得不分开，但你放心，我们都是爱你的，并不会因为我们分开，你就少了一份爱。"如果碰到她的B面期，她会直接冲我翻一个白眼："关你屁事。"

在我高考前夕，周杰伦第一次到我们所在的城市来开演唱会。我喜欢了他很多年，MP3里存的都是他的歌。

那天下午，我妈出现在教室门口，一脸严肃地找到班主任，说家里有急事，要给我请一晚上假。我也被她唬住了，一边收拾书包，一边惴惴不安地猜测，家里到底发生了什么大事。结果我妈直接把我带往体育馆，分给我早就买好的仙女棒和荧光发夹。那一晚，我们俩跟着全场大合唱，嗓子都喊哑了，我从不知道她会唱那么多周杰伦的歌。

那一晚，我简直爱死了她的B面。

2

我上班以后，努力工作，认真生活，而她的B面，却并没有跟随我一起成长，我像是多了个不省心的妹妹。

上个月，我接到一个电话，说我妈在医院里，让我赶紧过去。

我赶到医院的时候，我妈正坐在观察室里，她的右腿打上了厚厚的石膏。我吓坏了："这是怎么了？"

老妈解释说是因为练街舞扭伤了脚踝，情况不算很严重，但得静养些日子。原来，老妈最近迷上了街舞。

我刚想张嘴，我妈赶紧打断我："是，我这岁数的，就该练练瑜伽、做做拉伸、跳个普拉提什么的，但我就是喜欢街舞，受伤也阻止不了我，好了以后我还会继续跳。你还有什么要说的吗？"

别人家母女之间的代沟，都是当妈的不能理解年轻人的新时尚，而我和老妈之间的代沟，是因为她太新潮，我总是赶不上她的步伐。

3

上次回家，我没有提前通知她，想给她一个惊喜，没想到，她却给了我一个惊吓。

我发现她原来一直在吃抗抑郁的药，而之前我竟然一点儿也不知道。

我从大姨那里知道了妈妈的故事。当年，姥姥、姥爷都是全国顶尖的某所大学的高才生，由于时代的原因，他们双双被下放到偏远小县城的中学教书。那时，他们最大的愿望，就是两个女儿都能考回他们的母校，等他们退休后，一家人就能回北京团聚了。

于是，他们的两个女儿从小就和别的小伙伴不一样，她们的生活里只能有学习。姥姥、姥爷的严管制度效果显著，两个女儿的成绩遥遥领先。大姨考回北京的那一年，我妈才上高一，入学成绩排在全年级第一。

高一下学期，小女儿早恋了，喜欢上了那个年级第二的少年，两个人虽然爱得很隐蔽，却逃不过姥姥、姥爷的火眼金睛。没有疾风骤雨，没有苦口婆心，甚至没有任何预兆，突然有一天，她再也找不到那个熟悉的身影了。后来她才听说，那个男生被强制转学了，去了二中，在更偏远的乡镇上，那里从没有一个学生考上过本科。

  那是小女儿的第一次反抗，她在父母房门前站了一夜，保证自己会跟那个男生断绝来往，保证她会如约考去北京，只要让那个男生回来，完成他本该很好的学业。最终，她并没有说服父母。

  姥姥、姥爷退休后，终于如愿回到北京，和大女儿团聚，但他们的愿望只实现了一半，他们的小女儿在报志愿的最后一刻做了手脚，一个人去了另外的城市。

  从此，我妈的人生有了AB面，她冷静理智的A面，其实是她的抑郁发作期；她放荡不羁爱自由的B面，才是她对自己17岁时遗憾的一种弥补。

4

  我瞒着她做了一件事，尝试着联系她高中时期的同学和好友。

  老妈每年都有近20天的年休假，她一般都会利用这段时间外出旅游一次。今年6月，在老妈按计划出发旅游之前，她的高中同学"千方百计"地联系到了她，告诉她今年是他们高中母校的百年大庆，同学们准备好好聚一聚，邀请她参加。老妈算了算时间，刚好来得及，就先回了她曾经生活过十几年的那座小县城。

  老妈参加完同学会回来后并没有异样的表现，我暗中观察她，发现她心情还不错，趁机问她，当年的同学现在都怎么样了。她不无遗憾地说："都快当爷爷、奶奶了，我也跟他们没什么共同话题了，我想和大伙一起拍个抖音，都没人知道那是什么东西。"

  我只好直接切入重点："那个郑叔叔，你见到了没？"

  "见到了，我还为当年的事跟他道了歉。"老妈突然明白了我的用意，她破天荒地有点害羞。但她告诉我，即便当年他们在一起，没准儿有一天也会分手，可能是因为没有爱了，或者是其他什么原因，她都可以接受，但就是不希望是当年那样的状况。

  最终，老妈还是按原计划出发去滇南旅游。我送她到机场，一个劲儿地叮嘱她在路上的注意事项，让她每到一个地点都要跟我报平安，她嫌我太啰唆："我都该管你叫妈了。"

  这次，我忍不住煽了下情："老妈，我希望你可以永远停留在你的B面。"她的眼圈红了，迅速转过身，大踏步地走进车站，特别帅气地伸出手指，朝着背后摇了摇。

海明威的那头豹子

□李 荣

> 老人"梦见的狮子",只有老人自己知道,无关乎任何的赞叹和惊呼吧。

海明威名篇《乞力马扎罗的雪》的开头引言,是关于那头豹子的。在我们的"家庭读书会"里,曾与小儿来回讨论,至今想来亦觉得十分有趣。

那一段引言原文如下:

乞力马扎罗是一座海拔5895米的常年积雪的高山,据说它是非洲最高的一座山。西高峰叫马塞人的"鄂阿奇—鄂阿伊",即上帝的庙殿。在西高峰的近旁,有一具已经风干冻僵的豹子的尸体。豹子到这样高寒的地方来寻找什么,没有人做过解释。

我在自己的读书笔记里写过一段:那一匹在高山顶上冻僵的豹子,为什么要上到如此高的绝顶,那原因可谓"不一",也就是"说不清楚",我们至少能够想到五种可能——它看到眼前有它认为美丽的东西,受到了吸引而上到不归的绝巅;后面有让它害怕的东西在追赶它;悠悠闲闲、不知不觉却到了这个它想也未及想到的地方;一开始只是好奇,试着爬高,最后却发现退后不得,无可奈何地到了那里;或者可能它本来就想着去到那里的。还有一个可能,就是所有这五种可能,都同时存在。这也许就是海明威那个"迷惘的一代人"的象征吧,这么些"不一",到这里却又是归一了。

小儿那时对于海明威也大有兴趣,把他的短篇小说前后翻看了不少,当然也注意到了"那一匹豹子"。在"家庭读书会"里,我把我的那一段读书笔记拿了出来,他读了之后,很客气地对我说,大概是这样吧——我明白,他用了这样客气的语气,一般来说总还是认为其中有未尽之义。后来,学校里有课间的小演讲,他说那就把"那个豹子"略谈一谈吧。于是他写了一段,拿给我看。

他说，豹子来高寒的山顶找什么，我们可以有种种的猜测。但究竟发生了什么，它在想什么，其实只有豹子自己知道。生活也是如此，每个人做的每件事，真切地说来，都是属于他本身的。别人不管怎么去研究、理解，也没有办法完全研究尽、理解尽这件事对于他的价值。我们所看到、所想到的一切，我们的每一触发、每一举动，所有这些，才是一件事对于我们自己本身最根本的意义所在，也是只有当事人才能体会到的。所以，不管在别人看来多荒唐、多无趣，我们心里要清楚，自己经历过了，这对我们来说就有了抹不去的价值。生活的意义，是不需要别人点赞的。

　　他对于"只有豹子自己知道"的这一层意思，是很强调的。不得不承认，他对这头豹子的理解，比我那些设想，要好多了。由《乞力马扎罗的雪》这个开头的"豹子引言"，又让我想到了海明威最有名的小说《老人与海》的结尾：离老人住处不远的露台饭店里，那些美妇旅客连到底是什么鱼都不愿花时间搞明白，连侍者"被鲨鱼吃剩的大马林鱼"的解释也不愿听完整，就忙不迭地惊呼："我不知道鲨鱼竟有这样漂亮的、形状这样美观的尾巴啊。"而老人在街的另一头已经躺着睡着了。

　　——老人"梦见的狮子"，只有老人自己知道，无关乎任何的赞叹和惊呼吧。

一缕发丝

□刘昊瑛

> 那时，她叫他"大杨"，他唤她"娟娟"。有回两人闹分手，很决绝，她去相亲了，他则调到了省城。

老杨擦地，不到5分钟，向阿娟报告："擦完两遍了。"

阿娟瞪他："表演完了？"

"说啥呢？"老杨把抹布拿起来，递到阿娟面前，故作嫌弃地说，"看看，看看，全是你的头发。"

"为啥掉这么多？"阿娟一字一顿地说，"累的，懂吗？"

"我闲着了吗？"

阿娟正在收拾书柜，撇撇嘴，"不想和你说了，这辈子你也不会懂事儿的。"

"怎么不说你自己？嗓门儿越来越大！"

"为啥嗓门大？原以为你40岁了会懂事儿，现在45岁了还不懂事儿，彻底没希望了……"

"什么是懂事儿？听你的就是懂事儿呗！"老杨声音也大起来，一场大战一触即发。

阿娟沉默了，过一会儿，指着角落里的一堆旧书说："看看哪些还要，其余的都处理了，真是占地方……"

老杨坐下来，慢慢翻看起来。

一缕斜阳照在书架上，涂上一抹明黄，两人各忙各的，原来，不说话就可以岁月静好。

老杨拿起一本诗集，突然掉下来一张照片，一张卡片，还有一缕发丝。

阿娟凝视着照片，那个女孩清纯甜美，穿一件半长的印花风衣，长发飘飘，目视远方……

时光倒流20年。

那时，她叫他"大杨"，他唤她"娟娟"。

有回两人闹分手，很决绝，她去相亲了，他则调到了省城。娟娟提出交还彼此的信件，从此相逢是路人；大杨提出要一张她的照片，永远封存在记忆里那个夏日的傍晚。两人相约在公园见面。大杨拿出一摞信，整整齐齐的，仿佛从未打开过。他解释，每次收到娟娟的来信，他总是先洗手，再用裁纸刀慢慢划开，于他而言，那是庄重的一刻……

娟娟看看手里的信件，有点惭愧。那是大杨写给她的，她都是一下子撕开，看上去龇牙咧嘴的。

大杨接过信件和照片，又抬手拾起她肩头的几根落发，笑说一起留着做纪念吧。

娟娟看他轻轻拤起发丝，小心翼翼地放到包里，心中莫名一恸，这一幕美好足以温暖一世。

时光流转，两人吵吵闹闹过了20年。

老杨说："当年我丢了省城的工作，又回来找你，傻帽一个……"这些年老杨仕途不得志，如果在省城，境遇会好些吧。

"连结婚仪式都没有，我就嫁给你，图什么呢？"阿娟拉长声音说。

"你是骗子。"他指着阿娟说，"我被你温柔的外表骗了。"

"明明被骗的是我。"她一副气急的样子，"那时你装得多像啊，天天给我打电话，饭菜都做好了，快来吃吧……以为你多能干呢，原来都是装的？"

"怎么装了？那时我做打卤面，你能吃两碗。"老杨两眼放光，一副被激情岁月点燃的样子，"今晚我擀面条吧，牛肉圆葱香菜作卤。"说罢，他站起身，挽起袖子，仿佛要大干一场。

她在后面喊，"系上围裙，别把葱花香菜掉地上，踩了又满屋走……"

"那就擦呗。"

"5分钟擦两遍？"她低声说着，把那缕发丝、照片和卡片小心翼翼地夹回书中，连同那些旧书，又放回柜子里。

好吃街的酸辣粉，是外婆的悠长时光

□周宏翔

> 梦里她只是微笑，不说话，她吃酸辣粉的样子从来都没变过。

我去过的很多城市都有"重庆酸辣粉"，当然，有的是真，有的是假。真真假假，其实只要是个重庆人，一尝就能知道。对于我而言，从小到大吃着酸辣粉长大，极其清楚那红苕圆粉的粗细和酸辣程度，绝对要用香油炸的油辣子，加上陈醋，将过水的红苕粉从热腾腾的开水中盛出来，倾入碗中，配料是花生粒、香葱、姜蒜末、味精、盐和少许胡椒花椒，最后就是一勺早已准备好的臊子肉末浇在上面。

在我童年的记忆中，酸辣粉是一个大叔担着担子卖的，他的声音很特别，总是叫着"凉面、酸辣粉、豆腐脑……"尾音拖得很长，像唱戏一样。一群小朋友围着他，浅浅的一小碗，五毛钱，每个人都端一碗在放学回家的路上吃。后来我长大些，大叔不见了，有很长一段时间没在放学路上吃过酸辣粉，唯独周末随父母乘车去看外婆，带外婆出门逛街，走到重百商场门口，会买一碗。每一次买都要排长队，油辣子的色泽，陈醋的香，用现在的话来说，就是"这酸爽"！那时候两块钱一碗，外婆也觉得贵，所以不常吃，有时候外婆馋，也忍着，问我要不要吃，要吃，就随我要一碗。

那些年外婆还很硬朗，走哪儿几乎都是背着大包，说走就走。

她总是乘车从几千米外的城里过来，带些鸡蛋和咸菜，鸡蛋是赶集的时候买的，咸菜是自己腌的，要是叫得上外公，还要扛两袋大米过来。

我上小学后，寒暑假都在外婆家，外婆做米粥，有时候放玉米，有时候放豆浆，有时候放豇豆，早上起来，就着一碗热气腾腾的粥开始新的一天。要是父母休息，大家就一起出去走走，只要路过重百商场，就能闻到酸辣粉的香。妈妈要问外婆，想不想吃，外婆多半都摇头，说："两块钱一碗，贵着呢！"有时候外婆实在想吃，就掏出10块钱给我，说："我这里有钱，我买给你们吃。"外婆看着我们吃，就笑，一笑就容易呛到，但是外婆还是笑，呛得眼泪都出来，说看你们吃着香，就开心。

后来外婆搬去重庆市区了，我也上高中了，见面机会少，但每次去看她，她都捏着一沓钱给我，说："拿回去给你妈，你们拿去用。"外婆和外公生活俭朴，洗完菜淘过米的水也要留下来再利用，一个月下来，水电费就十来块钱。他们的大部分退休工资，外婆都存着，用来补贴子女。

搬去市区后的外婆和外公较少见到子女，他们俩安安静静地待在家里。偶尔，外公也会和外婆出去走走，慢悠悠地过江，然后在步行街上晒太阳。大多数时候他们不会走太远，如果从江北去往渝中，那就是外婆想吃酸辣粉了。

我大三那年，外婆患了胆囊癌，我们没敢告诉外婆实情，只告诉她胆上有些问题，不能再吃肥肉了，只能吃些清淡的。那段时间，外婆整天待在家里，吃很少的饭，夜里难受得睡不着觉，精神越来越差。医生说，外婆最多还有半年时间。那时我感觉痛心，想哭却哭不出来，看着外婆对我们笑，根本无法接受她要离开我们的事实。

很久之后，我回头去看我2011年的微博，发现自己每天都会发一条微博为外婆祈祷，希望上天不要带走她。事实上，外婆比我们想象得坚强，她依旧每天早起煮粥，靠在椅子上织毛衣，看一些喜剧让自己开心，不去想后背疼痛的事。

我去看她的时候，外婆说还想看1983年版的《射雕英雄传》，那是她最爱的电视剧。外婆喜欢抓着我的手说："以前你啊，很调皮的，每次家里有人来，你都要把电视声音调到最大，然后自己跑掉，把别人耳朵都要震聋。"又说："你啊，小时候也是很乖的，家里要换冰箱，你说等你挣了钱，要给外婆买10台。你啊……就这么不知不觉长大了。"

好景不长，入冬之后，外婆的背开始彻夜疼痛，无法入睡，早上也很难站起来，只能靠在床上。

有一天我去外面，妈妈打电话过来，说外婆想吃酸辣粉，让我回家的时候带一点儿，那天我或许是心情不好，有些不耐烦地说："不好带啊，这么远。"电话那头很快传来外婆的声音："算了，挺远的，酸辣粉都黏糊了。"我突然意识到自己说错了话，跟妈妈说，我会带回去的。

那夜的公交车开得很慢，我提着酸辣粉挤在公交车上，香喷喷的酸辣粉味飘荡在车厢中，我脑海中浮现出外婆吃酸辣粉的可爱样子，就在那时，司机突然一个刹

跟她讨论过我幼稚到不值一提的初恋和失恋，没有跟她讨论过我对婚姻的期待，也没有讨论过什么未来。反倒是我妈总安慰我，失恋算什么，世界那么大，好男人那么多。我摆摆手说，哎哎，我就想多黏你几年不行啊？

讽刺的是，我却比别人少了黏着母亲的那么多年。

我再也没有机会跟她讨论这些年我遇到的那些男孩儿，我在十点半无人的地铁上亲了一个英俊的少年，我曾飞过大洲去见我喜欢的人，我疯狂地爱过别人，此刻我也被别人小心翼翼地呵护着，我曾因为幼稚的理由和对方争执，我在爱情里遭受挫折，我重新相信爱情，我总在过一个人的生活，而总会有人偷偷地走进我的世界，去分享我的孤独。

好像，有点遗憾。

遗憾的事情还有什么呢？如果她还在，我想我在大学后就会去一个新的城市开始新的生活，也许我就会遇到不同的人开始不同的故事，我会教她用微信和淘宝，我会和她一起自拍，这样在微博上晒妈妈的时候也就会有我的身影。而当我辞职选择留学的时候，一定会第一个告诉她："我要实现我的梦想啦，你一定会为我开心。"我遇到不顺心的事也许会忍着，也许会冲她大发脾气，我会发伦敦美丽的秋天照片给她看，也会带着她逛圣诞集市，我偷偷买给她最喜欢的包，我会在做饭的时候问她为什么我做不出她的味道，她一定会唠叨好几年："什么时候才能把份子钱赚回来？"

我们会吵很多架，但最后还是会若无其事地和好。

可是在写这段话之外的其他时间，我从来不去想"如果她还在，我的人生会是怎样"这种假设性问题。甚至在外婆悄悄抹眼泪的时候我还会不耐烦地讲，人都不在了，讲那么多有什么用啊？

网上有人问，在亲人去世的一年里他都没有怎么哭，是不是他太冷漠？

不是的。

她刚走的时候我还根本来不及哭，我忙着应付前来吊唁和试图安慰我的人。当我意识到她不是偶尔消失而是永远不回来的时候，我已经习惯了没有她的日子。

甚至想来，在她重病开始的时候，我就已经开始对自己进行心理建设了。这听上去冷酷又残忍，但那时候的我只有21岁，除了找各种借口和理由面对这可能即将要到来的现实，我真不知道我还能做什么。医院外的天空黑黢黢，没有上帝，也没有超人。

"人没有了母亲，可怎么过得下去啊？"

不是的。

太阳还会升起来，人们还要继续工作，我们还会一天天成熟，看到好看的衣服还是想买下来，依然会有很多很多的快乐，也有很多很多的烦恼。只是，大家像说好了一样避免去谈论和母亲有关的话题。只是，心里那缺掉的一块我再也没办法填补了。

只是，我认为我已经变成了能照顾好自己的大人，她却永远永远不会变老了。

这是好事吗？她留给我的，都是她最年轻时的样子。

我刻意不去想她，不去想她讲到我小时候有多聪明骄傲的样子，不去想她对我发脾气的样子，不去想她后悔对我发脾气而给我塞道歉信的样子，不去想她给我做排骨等着我回家的样子，不去想她看到包包一脸欢喜的样子，不去想她去迪士尼高兴得像个孩子的样子，不去想她在医院怕给我添麻烦一脸抱歉的样子，不去想她最后安静得像睡着的样子。

她曾经给了我能奢求的最好的爱。

而现在的我只能把她的爱偷偷放在我永远看不到的地方。

我也很少梦见她。甚至我梦见过很多我也许一辈子都梦不到的陌生人，我都基本不会梦到她。

只是偶尔，她会在我放松警惕的时候出现在我的脑海里。她站在那里朝我挥手，说："我来看看你，我有点儿想念你。"

但是，我并不想你来看我。

我并不想你站在那么远的地方看我。

我并不想你站在我永远追不上你的地方看我。

我现在的生活过得还不错，这是我在伦敦的第一个秋天。我渐渐开始熟悉住所附近的每条路，渐渐有了我自己的朋友，渐渐开始完成我的论文，渐渐开始陷入一段爱情。我偶尔想念家里的奶茶、火锅、家人，还有朋友。我的朋友今天结婚了，我在手机上看了直播，我很想念他们，也有点儿寂寞。

今天的伦敦起风了，深秋好像突然就到了。

地铁上有很多人，我总觉得她就在这里，但是我找了很久，也没找到她的影子。

她现在在哪里呢？我耸了耸肩，打消了这个想法——她现在在哪里和我又有什么关系？

我又没有很想你。

但是当我回过神，发现我一直都在想你。

了教导处，得到了教导主任的积极响应："好啊好啊！最近学校正好在抓仪容仪表，男生清一色一厘米小寸头，女生待定，先看看你老姐的手艺再说吧！"

这个1厘米，桑妍的妈妈没太掌握好，基本上都给多剪了半厘米。放眼望去，初三（2）班的男生都变成了小和尚。

我也是受害者，莫名其妙的剪发活动把我气得语无伦次，我指着桑妍的鼻子问："你妈怎么能这样？我尽着让她手下留情……兔子还不吃窝边草呢！为什么尽着咱班祸害？我刚整的'锡纸烫'，攒钱攒了好几个月啊！"

后来我才知道，那次的剪发活动按斤收费。

桑妍成了全校男生的公敌。

4

后来，初三（2）班的门口又出现了一个蹲点男生。我们把他称为"那哥们儿"。

"那哥们儿"可真是个土豪！

巧乐兹雪糕、德芙巧克力、洽洽香瓜子、唐僧肉（大袋装）、比巴卜（整盒）、跳跳糖（一联）……"那哥们儿"身手敏捷，扔下零食就跑。

桑妍只好把零食拿回班级，偷偷地塞进桌洞里。可就算这样，还是被同学们看到，有些人甚至觉得桑妍就是个爱占小便宜、管不住嘴的女孩儿。桑妍一改往日女神的形象，变成了大家眼中的小丑。好看的确是件好事，但是副作用太大了。只要被人看到了你不完美，甚至是平常的一面，大家就会觉得你是个女神经。

那小子在他们班宣扬："嗷，桑妍啊，早就被我追到手了！她可老能吃了，吃了我家不少熟食呢！"

实际上，那些熟食她一点儿也没吃。

前面说了，我是一个比较晚熟的男孩儿，眼中除了学习什么都没有。没错，从小到大，别人都管我叫"木头疙瘩"，再加上我是个复读生，跟我关系稍微好一点儿的都会叫我"老疙瘩"。

"老疙瘩，你把这袋辣条吃了！"桑妍眯眯着眼说道。

"疙瘩，来来来，给我扒点瓜子，别用嘴嗑啊，我嫌埋汰！"桑妍灿烂地笑着。

"瘩瘩，你先吃一大口跳跳糖，再喝一口可乐，包你爽……"桑妍用手支着腮，神秘地看着我。

那天，我胃里的混合物整整跳了一节英语课。老师叫我在黑板上听写英语单词，我身体里发出"噼里啪啦"的怪响。桑妍在下面笑岔了气。谁傻啊！谁不知道吃完跳跳糖再喝碳酸饮料等同于"空腔自杀"！

可我就是喜欢看桑妍笑，她越笑眼睛越眯眯，她眼睛越眯眯我的心就越紧。

有时我也总是在想，为什么谢顶老班会把我们安排到一起呢？毕业之后，我去找老班"对质"，老班说我俩坐一桌可以取长补短。

我英语好，她数学好。

老班真有眼光、真有远见、真有……

桑妍中考英语考了110分，数学保持119分。

而我，又考砸了，去了一所普通的高中。

我真的挺酷，哪怕再也没有机会跟桑妍同桌，坐在物是人非的教室里上课，旁边是比我这块"木头疙瘩"还木讷的学霸女，我都没跟桑妍说——"那哥们儿"是我花钱雇来的，我家就是开小卖部的。

送给桑妍的小零食，她总共没吃几口，最终全都跑进了我的肚子里。桑妍无意间递给我的笑，我全都记在了心上，最后的最后像青春一样无疾而终。

外婆的文艺时代

□陈晓辉

> 生活本身，向来都是粗糙冷硬的现实。而文艺，就是现实面前那根温柔的刺。它能刺穿现实的悲伤冷漠，带我们看到粗糙背后的细腻与精雅，冷硬背后的温暖与柔情……

30年前的一个下午，在一个慢悠悠的小村庄里，外婆带着小女孩去田里干活，天气炎热，但天空清澈，有不知名的鸟儿飞过蓝天，树上的知了随意唱着长长的歌。外婆拉着小女孩的手，絮絮叨叨地说一些无关紧要的家长里短。

当然小女孩是听不懂那些的，她只记住了外婆的神情和语气，安详平淡，如果用文艺的语言来表达，就是有一种岁月安稳、人世静好的美感。

长大后回忆起这段时光，小女孩发现，那个时代并不像表面上那么文艺。繁重的农活儿和做不完的家务，每天压在起早贪黑的外婆头上。这样艰难劳累的生活，完全不是外婆语气里的那种云淡风轻。

她们冒着酷暑要去干的农活儿，是给棉花打杈。在棉花的生长过程中，会长出一些粗壮的枝条，这些枝条不开花不结棉桃，只会和其他勤奋的"好"枝条争抢养分，所以必须掰掉。这些没用的、要掰掉的枝条，外婆叫它们"眼子"，而那些努力开花结棉桃的"好"枝条，被外婆叫作"泊枝"。

外婆一边掰眼子，一边耐心地教小女孩分辨，在一棵不足一米高的棉花上，什么样的枝条是"眼子"，什么样的枝条是"泊枝"。当然她也不指望一个七八岁的小女孩能干什么活，她一棵棵地"掰"过去，小女孩很快就落在后面——她的注意力被那些棉"花"吸引了。

那是真正的棉"花"。不是洁白柔软像一团棉花糖，而是娇艳柔美的花瓣与花蕊组成的花朵。

很久之后小女孩才知道，一棵棉花，发芽长大之后，就要开花，花谢了结出绿色的棉桃，等到秋风起，棉桃饱满之后干裂，露出云朵一样洁白柔软的棉絮，再经过若干工序处理，才能成为人们日常穿着的棉衣与棉被。

现在小女孩感兴趣的，就是棉花开出的"花"。

棉"花"很漂亮，几片如绢质的软嫩的花瓣，组成一个小喇叭形状的城堡，里面住着小公主一样娇柔的花蕊，一朵朵，绯红娇黄，比常见的凤仙花好看多了。

于是在外婆为一行棉花掰完"眼子"，淌着汗转回之后，发现小女孩头戴一个棉花花环兴高采烈："外婆，好看吗？"

外婆抹了一把汗，这时候她一定非常心疼自己起早摸黑的成果——一朵棉花就是一个棉桃呀！但很快她恢复了微笑："好看，真好看。但这些花不能摘，外婆等会儿带你摘野花好吗？"

傍晚回家，已经非常累的外婆果然带着小女孩，去田垄上摘了一束黄色、淡蓝色的小野花，再绕到菜地，摘几根豆角和黄瓜，准备全家人的晚饭。

但幼稚的小女孩并没有觉察到外婆身体的劳累。棉"花"的鲜艳，野花的香气，在小女孩的梦境里若隐若现。辛劳的外婆，给了小女孩一个美好的夜晚。

30年后，小女孩长成沉默的成年人。她喜欢旅行，喜欢写字，喜欢一切美好的、朴素的、特立独行的东西——有人把这些糅合了浪漫与忧郁的特质，称为文艺。

冬天，长大的小女孩坐在一家咖啡店里，翻阅一本时尚杂志。里面有文艺范儿的衣服，特意注明：纯棉。

外婆的棉"花"与那个时代，隔着几十年的光阴呼啸而来。

什么是文艺？穿着长裙看风景？穿着球鞋去旅行？45°角仰望天空？自拍忧郁朦胧的照片？在星巴克对着一本书发呆？在微博微信发一些伤感唯美的句子……

忽然觉得，这些所谓的文艺，是那么肤浅，真正的文艺，应该是外婆那样的。

那个时代，外婆是很辛苦的。每天很早就起床，准备一家人的早餐，喂鸡喂猪……然后就是田地里四季无休的劳作。晚上拖着疲惫的身体，把厨房里所有的活计忙完，往往看一会儿电视就歪着头睡着了……这样陀螺一样的生活，文艺吗？

但外婆是文艺的。孩子糟蹋了她的劳动成果之后，她非但没有训斥，反而带孩子摘野花……这就是文艺。外婆总是把家里打扫得干干净净，小院子里，种着柔黄淡紫的月季，白色的、红色的凤仙花，这也是文艺。

最重要的，不管多苦多累，外婆从没有过恶形恶状。最多，望着天空发一会儿呆，然后，笑一笑，接着自己无休止地劳作——这，更是文艺。

生活本身，向来都是粗糙冷硬的现实。而文艺，就是现实面前那根温柔的刺。它能刺穿现实的悲伤冷漠，带我们看到粗糙背后的细腻与精雅，冷硬背后的温暖与柔情……

在艰难的时候能够从容抬头欣赏一朵云，在紧迫的日子里采一朵野花……所以，忙碌辛劳的外婆，才是真正的文艺女子吧？虽然她不去旅行，没喝过咖啡，但她拥有文艺的灵魂——艰难日子的温柔，困苦时候的温情。

「感谢你,盛装莅临我的成长」

生命来来往往,
来日并不方长。
还好时光有你,
予以不离不弃。

感谢你，
盛装莅临我的成长

你这辈子，是否被陌生人温暖过

□雪　山

> 这些事对于给予的人来说，或许不值一提；但对于接受的人来说，却是久久难忘。

经历过的人会深刻感受到：由陌生人的善意激发出的能量，不可小觑。

一双双温暖的手，来自素不相识的人

大学时在快餐店做小时工，帮客人点餐时不小心划破手，忍痛坚持配完餐再回头，发现餐盘边放着一张创可贴。

公司匿名评价制度有一栏是"改进点"，而自己得到的建议是"太努力了，少加班""过分溺爱小动物"。知道有人默默关注自己，这种感觉很暖。

坐长途火车睡中铺，玩手机枕着被子不知不觉睡着了。列车上半夜都有点儿冷，早上醒来发现自己身上盖好了被子。

去首尔旅行提着好多东西坐公交车，落座时旁边一位阿姨很自然地帮忙拿着东西并放在腿上，就像韩剧《请回答1988》里叔叔阿姨帮主人公们拿书包那样。当电视剧的暖心场景在现实里发生，那种感觉太奇妙了。

满头白发的外婆拄着拐棍，独自去家附近的市场买肉，称好后发现钱没带够便回家取。没走多远，一个小姑娘拿着外婆称好的肉追了上来——她误以为外婆付不起钱，赶紧帮忙付了钱。直到现在全家提起这件事还是觉得无比感动。

这些意想不到的、来自陌生人的温暖就像一盏灯，点亮了平淡无奇的琐碎日常，印证了那句"世上终究好人多"的期望。这些事对于给予的人来说，或许不值一提；但对于接受的人来说，却是久久难忘。

陌生人的温暖，成为愈合的力量

豆瓣鹅组有个用户说，自己有段时间状态不好，就在鹅组说了一下，得到很多鹅的安慰——"虽然大家平时群嘲明星或者粉丝相互吵架，但温暖的时候也是真的很温暖"。

还有网友回忆，深夜加完班打车回家，听到车上放的是《外面的世界》——"外面的世界很精彩，外面的世界很无奈"，眼泪吧嗒吧嗒往下掉。司机师傅看到后二话不说调出一首《好运来》——"好运来，祝你好运来"，她含着眼泪扑哧笑了出来。

我发小在结束第一段6年恋情后曾想一死了之。之后她参加公司团建攀岩，随绳子下落的过程中手指甲戳在岩壁上被掀翻，手指立刻汩汩冒血。赶来的教练一边给她包扎一边安慰说"不哭啊没事，吹一吹"，那一刻她猛然想起妈妈也是这样安慰自己的。于是她瞬间清醒：如果这点儿伤口能让陌生人心疼，那她不在了父母岂不是会心疼死？后来她终于想通：不仅要好好活，还要活得漂亮。

不得不承认，在生活中某些关键时刻，正是这些来自陌生人的微小善意，释放出拯救受伤心灵的巨大能量，为那些身陷困境、被痛苦折磨的人注入继续面对生活，抑或重新来过的勇气和决心。

陌生人的温暖，成为照亮前路的光亮

江苏南通有位96岁老人被骗子以"借钱"的名义，将儿子给他，他却一直没舍得花的800元钱换成了假钞。本是出于好心的老人，得知被骗瞬间崩溃。附近超市老板把这件事发到朋友圈，不到几分钟他的一位朋友转来800元，"告诉老人，钱找回来了"。来自陌生人的800元钱跟这个小小的谎言，就此支撑起老人往后的生活。

豆瓣评分9.4的热门美剧《我们这一天》（This is us）第一季第一集里，接生医生几经努力也只保住了三胞胎妈妈的两个孩子。痛失孩子的事实让三胞胎家庭难以接受，年长的医生用一段话抚慰了这个悲痛的家庭，扭转了一家人的生活走向，也改变了一个被遗弃在消防站的孤儿的一生。

他说："去年我妻子过世了，癌症。我这个年纪还在拼命工作，就是想尽量打发时间。我们两个结婚53年，有5个孩子11个孙子孙女，但我们最早的孩子在接生时就夭折。老实说，这就是我为什么从事这个工作。50年来，我接生过的小孩数不胜数，可没有一天，我不在惦记着我夭折的那个孩子。而我现在已经是一把年纪

了，我想正是因为那个夭折的孩子，我才能够拯救无数其他的孩子。

"我想，或许有一天你也会在一个年轻人耳边絮叨个不停，向他诉说，你是如何接受生活强塞给你的这颗酸柠檬，并把它制成了甜美的柠檬汁。如果你能做到这些，你从医院带回家的将依旧是三个孩子，只不过可能不是意料中的那种方式。"

就像电影《欲望号街车》中那句台词所言：我总是仰仗陌生人的善意。因为他们的善意时不时拯救我们于水火，我们才有底气对抗生活泼来的一盆盆冷水，得以在奋斗路上跌倒又爬起。

你为他遮风，我为你挡雨

有次雨天等红灯，站在最前面的男生把伞撑到一位推着婴儿车却没带伞的妈妈上方；他后面另一个男生就把伞挪给自己前面的女生；而站在后面的我则主动靠向旁边没带伞的人。

是的，在熙熙攘攘的人群中，善意可以传递，我们的心也可以依靠对彼此的信任走到一起。就像西安"滴滴"代驾司机霍金舵讲述的那件小事一样——

经常在深夜工作的霍金舵，需要和各路陌生人快速建立联系。这也让他目睹了很多藏在"白天假面"后的真实面孔。

有次他接到一位30多岁的豪车车主的单，上车后车主竟然什么都没说，就趴在他肩膀上哇哇大哭起来。为了不影响行驶安全，也为了宽慰车主，他把车停在路边，和车主聊起天来，痛哭背后的原委也逐渐清晰：公司一直走下坡路，妻子也在闹离婚，钱没了家也没了，跳楼的心都有了……这些话触动了霍金舵，他联想到自己过去的经历：曾经开小公司遭遇三角债，大年三十只能和妻子到处讨债。

于是霍金舵对车主说：遇到啥样的困难、啥样的事，最后都能过去。当这位伤心醉酒的车主付不出78块钱代驾费时，他决定免单，"权当交个朋友"。

但事情并未结束。

很久之后，霍金舵完成路程遥远的一单要返回西安。当时已是凌晨1:00，打车难搭车更难，他不停挥手，终于有辆车停下来。上车后车主一直瞅他，他正觉得纳闷，没想到车主略带激动地说："师傅您还认识我吗？我就是趴在你肩膀上哭的那个人。"

他们二人聊了一路，快下车时这位曾经被免单的车主说："从那次之后我就决定，只要再碰到代驾司机，我就永久地免费载他们。"

面对陌生人，我们可能很难"感同身受"，但依然可以"将心比心"——我无法替你分担丝毫，但你可以信任我，在我面前卸下防备，尽情倾诉。代驾司机与车主，完成了温暖的传递。

估计霍金舵自己也没想到，那一夜他释放的善意，以及和陌生人之间短暂的信任之情，竟然会悄无声息地蔓延开来，引发一连串连锁反应。身处其中的自己和这位客人，既是善意的给予者，同时也是接受者，而之后可能还有更多人被这份陌生人的情义惠及。

所以别低估这种力量。它蕴含着一种难以言说却难能可贵的信任感。往小了说，它就像一束能激发信念的光芒，让每个被它照耀的人都能重拾对生活的希望和向往；往大了说，这些信任感能在每个人心间流动和传递，汇聚起来的能量让整个城市变得温暖、可爱、充满人情味。

冷暖人间，他是盖世英雄

□夏知凉

> 我多希望他的超能力再显神力，可是，超人也会老，超人要去另一个世界救人了。

1

盛夏的午后，知了聒噪地叫着。我说想要吃冰激凌的时候，爸爸笑得很难看。我知道，这让他有点儿犯难，从村里到镇上有两千米的距离，而在37℃的三伏天，想要把一支冰激凌完好地带回来，他需要有超能力。可是看着他皱眉的样子，我突然心情大好，哪怕刚刚经历了一场热感冒。没错，我就是想故意刁难他，谁让他说暑假如果我不回妈妈那里，要什么他都给。可是，我想去妈妈那里，我不想窝在乡下这个电视只能看中央一套的地方，我要和娜娜去露营，去海边冲浪，去看新上映的电影，去吃麦辣鸡翅和汉堡……

他跨上自行车走的时候，像一阵风，以至于我忽略了他已经45岁，左腿上还有两颗钢钉。他是跑着回来的，大滴的汗珠从脸上滚滚而下，然后从帆布包里掏出一个保温饭盒，里面装的冰块上放了两支冰激凌。他像个追女生时羞涩的小男生一样，举着饭盒对我说："喏，冰激凌来了。"我接过来时，他又转身跑出去了，我问："你干什么去啊？"他头也没回地说："自行车在半路掉链子了，我去取回来。"冰激凌的名字很好听，叫甜甜心奶油雪糕，但奇怪的是，我吃出了苦涩的味道。我抹了一把眼泪，哭着把两支冰激凌吃完了。

2

读初中时，我的语文成绩很长一段时间都是班上的第一名，作文总是被当作范文张贴。后来，考试时我会故意做错几道题，将成绩稳定在第二名或第三名。因为我真的不想考第一名，觉得每次在讲台上朗读自己的文章，还要酝酿丰富的感情，很像个傻子。可是老师不管，非要约我的家长面谈，觉得我有早恋的倾向。

他应召而去，反问老师："为什么要争第一呢？小孩子的成绩能上能下，这很好呀！"老师很痛心地看着我说："你爸说得不对，别听他的。"他（爸爸）说："我觉得所有排序都是相对的，有一天，世界会变得很多元、很美好，那时，大家就不会为考第几名而烦恼了。"语文老师直勾勾地看着他，愣在那里哑口无言。那一刻，我觉得他超级帅，简直就是我的男神。后来，我问他："世界什么时候多元化啊？"他笑嘻嘻地说："就在不远的未来。"于是，我就一直在等那一天的到来，等啊等，却等来了他们离婚的消息。我觉得他骗了我，哪有多元化的世界，只有多元的家庭。

说实话，我不太愿意跟妈妈去城市里生活，因为那样我就得离开我的小伙伴。可是，妈妈用糖衣炮弹"诱惑"我，于是，我"背叛"了他，跟妈妈去了市里，只有放假才回来看看他。每次假期结束时，他都会把我送上车，傻兮兮地笑着跟我摆手，然后又把头扭过去。

3

时间如同过山车一般，从我的青春里呼啸而过。大学毕业，我走向社会，开始工作、恋爱……他在电话里跟我说："把男朋友带回家让我看看呗。"我说："好，过中秋节时就带回去请您把关。"他开心地说："那拉钩，不许反悔，回来我给你们做红烧鱼。"遗憾的是，在他还没看到自己的准女婿之前，我和男朋友就分手了。那天，我在黄埔江边给他打电话，刚接通，我就忍不住哭了起来，说："爸，我想您了……"他慌乱地说："好孩子，没事的，有老爸在，天塌不了！"

第二天，我就买机票回了乡下老家，他骑着自行车去镇上接我，把皮箱放到后座上，用绳子捆好。我说："老爸，我想吃冰激凌了。"他笑了笑，去给我买了一支，拍了拍车横梁说："敢不敢坐上来？"我挑衅地看着他说："您行不行啊？"他不屑地撇撇嘴说："你当我老了啊！"于是，我吃着冰激凌，坐在他前面，时光一下子就回到了我七八岁时的光景，那时，下坡的时候，他大声地喊："坐稳了，要下坡了！"他像个欧洲中世纪的骑士一样，把自行车蹬得飞快，风从我的耳边呼啸而过，路边的白杨树一排排向后倒去。那真的很炫，很拉风，我觉得他就是我心目中的超级英雄。

上坡的时候，他从自行车上下来，满头的汗。他掏出一支烟点上，坐在路边说："累了，歇会儿。"他终究还是老了。我说："您不是答应我不抽烟了吗？"

他咳嗽了两声，笑着说："一个人没意思时就抽两口。"是啊，他一直都是一个人，这么多年了。我刚刚失去一个人十几天，就伤心得不得了，那他呢？

他给我做了最拿手的红烧鱼，非要我陪他喝几杯。我说："喝就喝，谁怕谁？"三杯五盏喝完，他抹了一把额头上的汗，说："其实，认识你妈前，我也爱过一个姑娘，差点儿就结婚了，后来因为你爷爷不同意，我们就分开了。"他端起酒杯又喝了一口，继续说："那时想起来就很后悔，怎么不勇敢一点儿，可是后来我就想，如果我和她结婚的话，就没有你了，你就说不上是谁家的闺女了，那我可不干。"我说："真荣幸当初您没有选择她。"他尴尬地笑了笑，说："其实，上天就给了两个人那么多的缘分，强求不得，失去未必是坏事，从其他地方会得到更多。"我知道他是在宽慰我，可还是很难过。于是，那天我和他都喝多了。

4

后来，他突然就病倒了，医生说："治愈的可能性不大，已经病很久了。"他揉着我的头安慰我："人哪有不老的，这辈子有了你，我就很知足了。"他走的那天是个下雨天，雷声很响，我的回忆像是被轰隆隆的雷声震得支离破碎。我多希望他的超能力再显神力，可是，超人也会老，超人要去另一个世界救人了。

整理他的遗物时，我发现一本相册，里面全是我的照片，从1岁到14岁，每张照片他都在后面认真做了标注——"小公主满月了。""小宝贝会爬了。""去幼儿园第一天，哭得很难看。""上初中了，祝学习进步。""照顾好自己，爸爸爱你。"……我就这样翻着，像是把时光翻回去一样。院子里的老自行车孤零零地停着，那一刻，我仿佛看见他骑着自行车去给我买甜甜心奶油雪糕，像个有超能力的英雄一样，举着饭盒对我说："喏，冰激凌来了。"

我合上相册，眼泪再也忍不住流了下来，以后这冷暖人间，我要一个人走了。

被爱簇拥的青春

□ 化　君

> 如果用四季比喻一个人的一生，那么，青春便是鸟语花香的春天，不仅美丽，而且温暖。

真正感受到母亲的爱，是在我长大的那一瞬。我从前以为，母亲只爱姐姐。

母亲说，姐姐是太阳，我是月亮。所以每当我的衣服破了或者过年时，母亲拿姐姐穿过的衣服给我穿，我总觉得天经地义。太阳那么亮，月亮自然得让着它。

12岁那年，夏天来的时候，母亲拎了两件粉红色长袖衫走进我和姐姐的房间。姐姐撂下手里的课本跑向母亲，抢过两件长袖衫，在身上比来比去。我低下头继续写作业。

"你和妹妹一人一件。"母亲这样说着，伸手从姐姐手里拿过一件长袖衫，递给我，"快试试，看合身不？"见我愣着不动，母亲把我从小板凳上拽起来，揪住我身上的红毛衣的底边儿，往上一拉，再将长袖衫套在我身上，然后盯着我看，不，是打量，眼睛里满满的都是爱。

母亲把我搂在她怀里，摩挲着我的头发说："长成大姑娘喽。"我抬起潮乎乎的眼睛问母亲："以后我也能像姐姐一样穿新衣服了吗？"母亲点头的那一瞬，我蓦地觉得我从灰姑娘变成了白雪公主，心想，长大真好。

母亲和我说话的语气也软和起来，越来越喜欢用问号——写完了作业再玩好吗？帮妈妈拿个盘子来好吗？下次考试成绩争取再提几个名次好吗？……

15岁那年，我去外地上学。每次回家，母亲总像待客似的，给我做一桌子好吃的。有一次我化学考砸了，母亲不但没骂我，还温言软语地劝慰开导了我一番。我忍不住问母亲，不生我气吗？母亲说我长大了，有辨别是非的能力了，她能做的，就是减轻我的压力和疼痛。

呵护我青春盛开的，不只我的母亲。高二那年，某个周末过后，我骑自行车去十几千米以外的学校，半路上突然下起大雨。因为是土路，不一会儿自行车就陷在泥里走不动了。我只好下车用手指一点点抠着糊满泥巴的辐条。突然听见一个声音说，是去学校上学吧？抬头，是一位扛锄头的大叔。不知道是他慈祥的目光还是亲切的声音感染了我，我忽而觉得很委屈，眼泪啪嗒啪嗒掉下来。

大叔说了句"别慌，我找人去送你"，然后转头朝后面一个开三轮的人摆摆手，等那人来到跟前，大叔盼咐那人送我去学校。那人二话不说，弯身将我的自行车拎进车厢，然后钻进车头，打开右边的门，笑微微地望着我说："上来吧。"

至今我不知道那人和大叔叫什么名字，他们是什么关系，但他们带给我的感动和温暖，永远珍藏在那段青春岁月里，在悠悠的时光中氤氲、弥漫。

在我的青春画板上，涂下最浓重一笔的，是我的高中班主任。

那天，我回学校取完大学录取通知书后，班主任从抽屉里拿出一个白信封递给我，说："对不起，没有及时给你。"我低头看邮戳，一月十三日，半年前的。班主任解释说，这是一个男生写给我的情书，他偶然发现后就找男生谈过几次话，不过都无济于事。男生一如既往地给我送字条，但每次他都会在男生走后，把字条悄悄拿走，锁进他的抽屉。说完，班主任看着我，笑微微地说："如今你已顺利考取大学，怎么处理，自己拿主意吧。"

我拆开白信封，掏出里面的字条，齐整整码成一摞。我数了数，一共81张。81张字条，81个守望，蕴藉着不尽的呵护和关爱。这呵护和关爱，便是杜甫笔下的春夜喜雨，默默滋润着我的青春年华，绽放、吐香。

如果用四季比喻一个人的一生，那么，青春便是鸟语花香的春天，不仅美丽，而且温暖。

用爱原谅

□ 眉 弯

> 我希望我们都可以快乐，毕竟深藏秘密的我已然真的长大了。

这真的是深藏十几年的秘密了，如果不把它写出来，我都快要忘掉它了。时间流逝，痛苦减少，留下的便是成长独有的那份清甜。

刚上初中的时候，我的成绩不好，而且根本不在乎考试成绩，更不知道竞争已经悄无声息地开始了。我延续着小学时代的贪玩本性，每天沉浸在一种浑浑噩噩的快乐里，一日一日消磨时光。比我着急的是我的父母，他们会用一种很独特的方式提醒我，这种方式就是暗示。比如爸爸，他会很出其不意地问我是不是喜欢音乐或美术，其实是怕我文化课成绩不理想，便想提前培养我做艺术生；而妈妈则用"邻居家的孩子"强力攻击，可叹我时至今日才明白他们的良苦用心。

有一次爸爸要参加同学聚会，那天妈妈上夜班，没人替我准备晚饭，爸爸就决定带我一起去。大人的聚会在我看来，就是喝酒、喝酒、喝酒，喝醉了就开始说胡话。那次聚会我早早吃完饭，到一边去看电视。过了很久，我听到父亲叫我，我知道他已喝得烂醉，极不情愿地走过去。爸爸果然醉得双眼迷离，脸红似火烧，说话也不利落了，我叫了他一声，他抬眼看看我说："来，给这阿姨敬酒。"我快快地倒了一杯酒给旁边的阿姨，刚要走开，爸爸突然抓住我说："我这闺女，一点儿也不上进，我以后要靠她，十之八九不行。"我顿时怔在那里，好像爸爸说的根本不是我，那个阿姨为我辩护："哎，不能这么说，孩子还小呢。"她说着还扶了扶我的肩膀，我不敢看她，我不知道她会用什么眼神看我，更不知道应该用什么表情面对她。父亲还在说："不行，她不行。"我推开爸爸的手，外表十分平静地走开，内心却是一阵痉挛，觉得无比难过，泪水在眼眶里打转，但我强忍着，努力把泪水憋回去，大口呼吸着，这是一种求生的欲望，为我脆弱的自尊心补充着氧气。

一直坚持到聚会结束,几个叔叔把我和爸爸送回了家。几位叔叔走后,在关上门的那一瞬间,我号啕大哭,意识涣散,双腿支撑不住身体的重量,就那样坐在门口,哭了一夜。

第二天,爸爸酒醒了,他又是那个好爸爸,我照常去上学,头天晚上的事好像没有发生过,爸爸已经不记得他说过的醉话了,这成了我一个人的秘密。

我曾无数次幻想,拿到重点高中的录取通知书后,将这个秘密公之于众,让爸爸知道他是多么可恶。当然,我拿到了那份录取通知书,但我选择了深藏这个秘密,我知道爸爸很爱我,我希望我们都可以快乐,毕竟深藏秘密的我已然长大了。

ICU 里的人生百态

□虞竹溪

> 但他也许永远不会知道，一开始，我以为他可能活不久了。

提起ICU，也就是医院里的"重症监护室"，你的第一反应是什么？在死亡线上苦苦挣扎的病人，惊心动魄的大抢救，还是各种冷冰冰的医疗器械和维持生命体征的大小管子？在此，我想告诉你，我所经历的ICU里的人生百态。

一碗饺子

她是一个肿瘤性质未定来做包块穿刺的老太太。我第一次给她做穿刺时，她似乎看出了我的忐忑，温柔地说："你别紧张，随便穿。"很不幸，她的病理结果不好，又进行了一系列化疗。出院的那天，她叫住我："我生这个病要花很多钱，也没什么东西送你，我女儿包的饺子很好吃，你不嫌弃就吃一碗吧。"许多日子后，我依然清晰地记得那碗白菜肉饺子的味道。

数月之后，我在门诊又看见她，戴了假发，但脸色很好，精神也不错。

他依旧没有醒过来

他只有17岁，脑肿瘤并发脑积水入院，急诊手术后持续昏迷。后来又陆续经历了三四次手术，他始终沉睡，没有一丝反应。父母伤心欲绝，几乎崩溃。

有一天夜班，我在他的房间门口竟然听见了很小声的周杰伦的歌曲。后来才知道，他是周杰伦的铁杆粉丝。有一次探视，爸爸在他耳边说："儿子，赶紧醒过来。这都是你最爱的歌，爸爸以前都没仔细听过，现在为了你一首一首去搜的。"

想来，没有生病的时候，他应该也是个把耳机藏在袖子里上课偷偷听歌，用周杰伦的歌词当作情书给女生传小字条的大男孩吧。后来直到出院，他依旧没有醒过来。

120天真的可以改变一个人吗

他是我所见过肝移植患者里性格最好的一个。术后第一天刚拔管就和我大谈他家的资产分配和各种趣事，然后很快便从ICU转回普通病房了。再见到是4个月后，他因为肺部感染进入ICU，我却没有认出他，因为已经瘦得脱了相。他竟一眼认出了我，即使我戴着口罩而且胖了不少。于是我们又开始大聊特聊，甚至分享了彼此孩子的照片。

眉飞色舞的畅聊之后是片刻的冷场和沉默，他突然问我："我这次是不是出不去了？"我惊讶于他的悲观。他在医院足足住了4个月，我不知道病魔究竟怎样改变了他的想法，又是如何打击了他的希望。

后来的他，在家人面前还是努力伪装坚强，只是话越来越少，情绪越来越消沉。我真希望他能好起来，变回我初见时的那个"话痨"。

一开始，我以为他活不久

那是记忆里最忙碌的一个春天，我们科收治了6例H7N9禽流感患者。每天的治疗调整、数据统计和标本采集，以及频繁的专家会诊与领导视察，忙得我晕头转向。

他才20多岁，来的时候病情很重，我甚至觉得他可能没救了，可他竟然奇迹般地挺了过来。

他很少说话，但拔管的那一刻，他却像孩子一样地哭了。后来我每天带杂志给他看，主动和他说说笑笑。在康复过程中，我才发现他原来也是一个爱玩爱笑的小伙子。再后来他病愈出院，随访时再见到他时，他胖了许多，我们至今还保持着联系。

但他也许永远不会知道，一开始，我以为他可能活不久了。

老师，我终于听见这世界

□明前茶

> 我看到，那缓慢的水滴，无声地落下，渐渐地，把女孩满脸的暴戾之气都滤去了。

"在这里工作，我最感欣慰的一件事，是学生说，老师，我听到了，听到了你手里的鼓声。"

程老师今年37岁，在聋校已工作15年，她的嗓音沙哑、粗陋，时不时有破音。她自己开玩笑说："我这嗓子完全成了一面坑洼不平的破锣，敲重了不行，敲轻了也不行……待会儿上课，这面破锣还得往重里敲。"她的办公室里有一只能装1.5升水的大茶瓶，里面长年泡着枸杞子和胖大海，金嗓子喉宝也准备了半抽屉，"只能减少一点儿嗓子眼里的毛刺感，想恢复大学毕业时的嗓音，根本没有可能"。

跟着她去听课，只花了十分钟，我马上明白聋校老师的嗓子何以成了这副模样。

程老师教的是中重度听力障碍的孩子，儿时的疾患是不可逆转的，有的孩子戴上助听器，也只能听到一点点声音，老师上鼓乐兼舞蹈课，是为了让他们仅有的听力变得更敏锐，训练他们集中注意力，强化与这个世界的联络。

我看到音乐教室被特意铺上了杉木地板，这是一种质地较软的地板，走上去响动很大，脚底板的震动很厉害。所有的孩子进门前都脱了鞋，有几个穿丝袜的孩子被程老师带到一边，老师从自己的包里拿出短筒棉袜，让他们换上。程老师解释说："丝袜打滑，但不脱鞋又不行，因为要靠老师脚下的用力跺踏，把节拍通过地板的震动传递给孩子们，帮他们理解舞曲的节奏。"也就是说，中重度听力障碍的孩子不完全是以耳朵来听到声音，还用他们的脚底板和手心来感受声音。

程老师曾为一名学生无法听到鼓声而焦急得嘴上起了燎泡，有一天，她无意识地抓住学生的手，放在震动起伏的鼓面上，孩子马上露出欣喜和豁然开朗的表情：

"老师，我听到了！"那是12年前的事。受此启发，聋校的老师筹集资金，把音乐教室、体育教室都铺上了木地板。

年复一年，因为用力跺踏，老师脚下的那块地板就会沉陷，换上去的杉木地板颜色和原来的不一样了。

一堂鼓乐兼舞蹈课，对我这样的外来者而言，耳朵和心脏都是折磨。鼓声、"咚咚咚"的跺脚声、老师的喊叫声和学生发音古怪的喊叫声，交织在一起，让我开始耳朵发胀，头痛欲裂，胸口堵得慌，甚至还有一点儿恶心感。

饶是老师如此卖力，课上到一半，还是有孩子露出茫然的表情；程老师不得不把这一部分孩子召集起来，让他们在她周围围成一个圈，蹲下去，用手掌和脚心同时感受老师舞蹈的节奏。为了让地板的震动更清晰，程老师脱掉了袜子。

还是有女孩不能理解舞蹈的节奏，她冲着弯腰聆听的老师发脾气，嗷嗷叫，再不愿一字一顿地表现自己的不满，而是暴躁地打起了手语，动作幅度大到几乎扇到程老师脸上。

我注意到，一直到宣布下课，程老师都牵着那位挫败者的手，脸上满是平静的神色。

程老师说："刚来聋校当老师时，遇到这种情况，连老师也会蔫掉好几天；甚至学生哭，老师跟着哭。后来校长说，这样不行，请你们不要表露同情和挫败，这会进一步刺激这些敏感的孩子，保持自己的坚韧和平静，才能帮到他们。校长还说，就算在正常学童所在的学校，一名老师也不可能每做一件事都是成功的。"

这番话对程老师启发很大，她后来自学了心理学，逐渐懂得如何让那个女孩忘掉舞蹈课上的挫败：她带着女孩到外面的花园里去浇花，还跟女孩玩了个游戏：让她闭眼，伸出手来，将水壶里清凉的水，缓缓地、一滴一滴地滴到她的手心。我看到，那缓慢的水滴，无声地落下，渐渐地，把女孩满脸的暴戾之气都滤去了。

请勿离开

□ 刘继荣

> 并不是所有的鱼，都生活在同一片海里。

婆婆周末一早就打电话过来："今天过节，我做了鱼，蒸了杂粮饭，等你过来吃。"我打开日历，逐一看，哪里有节？

婆婆忍俊不禁，自揭谜底："我想你了。"我受宠若惊，笑道："妈，您是想孙子了吧？"老人家笑吟吟地回应："都想都想，最想孙子，想得不得了。"

我家和婆婆家离得不远，两站地就到了。大好的周末，三世同堂，说笑吃喝，惬意得不行。

告别时，公婆非要留我们住一晚。我借口未带洗漱用具，执意要走。二老当即捧出置办好的用品。

住在公婆家，孩子有人接，茶饭有人管，连水果都有人洗净削好。幸福过了头，总令人战战兢兢，生恐是美梦一场。

以往，我和老公特别享受周末的懒觉。只要天不塌、海不啸，那是一定要睡到自然醒的。没承想，住在公婆家的第一个周末，竟如此尴尬。婆婆天明即起，未几厨房刀板声嗒嗒如战鼓，公公的收音机也响亮地播送起早间新闻。这些家常声音，平日里可亲可爱温馨动人，此刻只恨耳朵过于灵敏。紧接着，叩门声起，二老欢快地招呼大家出去吃早饭。

我俩困得直打呵欠，抗议说要续梦，婆婆却要求先吃饭。她说："穿戴齐整，打开电视，哪怕是歪在沙发上再睡一觉呢，邻居来了，也看到这是个兴旺之家。"婆婆说得分毫不差，我们刚刚吃完早餐，就有邻居拜访。

这一片老人居多，相互走动得勤，见公婆儿孙满堂，惹得一众人等啧啧称羡。

公婆面上有光，心里得意，客来必喊儿子陪坐，媳妇奉茶，呼出孙子膝前承欢。到了下午，公公又打电话约来三五亲戚聚餐，一家人丰盛地开出两大桌饭来。我只得打起精神，应酬到客散，已倦到连眼皮都撑不开。

过了段时间，婆婆生病需要人照顾，恰逢我们休假，便把公婆接了过来。我与老公亲自下厨，婆婆吃得眉开眼笑，公公也轻松了不少，一家人其乐融融，二老乐不思蜀，我们也尽情享受家庭温馨。

但天下事总难遂人愿。那天，老公同事来取一份资料，公公热情地与来客聊了几句，还拿出自己所作的书画请人欣赏，小伙子礼貌性地夸了几幅字。公公当了真，立刻就要去外面加镜框装裱出来送他。客人大惊失色，几乎要跪下来推辞这份礼物。

此事闹得公公郁郁不乐，连血压都上升了，怪人家叶公好龙，并非佳友。老公啼笑皆非，说日后这种尴尬还会发生，反正妈妈早已痊愈，不如请他们住回自己家去。我嗔怪他："没必要为了不相干的外人撵自己的亲人。"老公只得作罢。

说嘴打嘴，风水轮流转，终于轮到我。冬至那天，我的闺蜜被父母逼着相亲，心里憋闷又不好发作，打车逃来我家，一头撞上笑眯眯的婆婆。

婆婆见人家小姑娘水灵，便问婚问嫁，欲做一回红娘。闺蜜真可谓跳出火坑又入水坑。我几番打岔想扭转话题，无奈婆婆心意已决，几头大象也拽不回来。

最后还是老公聪明，躲在房间扮演女孩上司，拨电话催她回去加班，才渡过此劫。

我与老公想了又想，决定把真相告诉二老，请他们不要自作主张，将自己认为的好意强加于人。

老人家面色黯然，提出要回去，我们虽有不舍，但依然同意了。

并不是所有的鱼，都生活在同一片海里。我们如此渴望亲近，也那么需要温暖，但事实是，即便是一群彼此关爱的人，也无法长久地生活在一起。弄明白这个道理，我们都成长了许多。

又是周末，手机响起来，婆婆的声音愉快地响起："来吃饭吧，我想你了。"天是青灰色的，云低垂，似有雪意。有个人准备了二三小菜，温了一壶米酒，在一座温暖的房子里，说想我。而我，叫她妈妈。

25岁，我妈补偿我一件小熊卫衣

□知枝同学

> 原来我妈的心里，也一直埋藏着亏欠我的愧疚。哪怕我已经过了花季少女的年龄，她还是想对我有所补偿。

1

晚上，到了10:00点，我正准备睡觉的时候，我妈突然破门而入，喜形于色地说道："差点儿忘了！妈妈上次逛街给你买了一件衣服！"

她麻利地在我的床前蹲下来，打开我床下的柜子，在里面翻找，一阵塑料包装摩擦出的窸窸窣窣的声音之后，她拿出来一件粉色的卫衣——樱花粉，精致的刺绣图案，以及，那个经典的娇憨可爱的小熊徽标。

"咚"，一颗石子投入我平静的心湖，激起了朵朵涟漪……

脱下睡衣，我小心虔诚地套上新衣服，屏住呼吸，认真感受衣料接触皮肤的柔软舒适。

按老家计算年龄的习惯，我已经虚岁25了，开始迈入轻熟女的年龄，终于穿上了10年前少女时期最想穿却求而不得的衣服。

我妈在一边赞不绝口，我沉默以对，有好几分钟，我没有说话，也没有看她。

2

15岁，我在高中分科志愿表上写下"文"，再加上中考考得还不错，顺利进入了重点高中的文科实验班。

班主任是位教英语的男老师，与我们父辈的年龄相当，他性格温和，很少发脾气，又因为年龄层的关系，对我们多了一分娇纵。学校虽对学生仪表有一些硬性要求，比如必须穿校服，不许染发烫发等，但德育处主任对文科班的仪表睁一只眼闭一只眼，我们的班主任，更是带着慈父般的体恤心，漫不经心地任由我们偷偷臭美。

而这其中，我最羡慕QQ同学，她有很多件小熊图案的卫衣，把她衬托得时尚可爱。

随后，我有意无意地了解到，那是一个来自国外的服装品牌，市中心的商场新开了一家，衣服单件均价500元。

3

经历了一番思想斗争，我爱美的少女心占了上风，向我妈提出一笔"交易"。

在早餐的饭桌上，我扒下一口粥，含混不清地说："妈，我还有半个月就月考了。"

发觉到妈妈完全没有意识到我话里有话，我心下有几分愧疚，但还是厚着脸皮说了出来："如果我考到班级前十名，可不可以给我买一件新衣服啊？"

"啥衣服啊？"我妈的语气加重了。

"大商场有卖的，图案是小熊的卫衣。"我小心翼翼地答道。

我看到她皱了皱眉，但她还是答应了我。

一想到自己即将拥有一件小熊卫衣，那半个月里，我总是有使不完的心力用在学习上。以往没有耐心去攻克的知识点和题目，也十分认真地研究起来。

我最终考了第六名。那之前我的成绩一直徘徊在班级二十名左右。当我把这个好消息告诉我妈之后，我妈开心地捧着我的脸，使劲地亲了一口，然后从衣柜里取出一个购物袋递给我。

看到那个购物袋，我顿时心里凉了大半，再掏出衣服一看，胸前是有个刺绣的小熊，还算好看，但这个小熊的形象，令我十分陌生。

一瞬间，委屈、失望、难过，种种情绪涌上心头。

4

很长一段时间，我穿上那件衣服就像穿着囚服，不主动也不抗拒。我穿着它在我妈面前晃来晃去，以提醒她为人母亲，却不讲道理和诚信。但是在学校里，我把它藏得好好的，一次都没有拉开过校服拉链。

类似于一种自我折磨，我不断回想起那天晚上，我再也没管我妈要过任何衣服，也再没提起小熊。

上大学以后，路过小熊品牌店无数次，但从来不敢踏入，潜意识里，我认定那是我不配拥有的东西。看着别人在门店进进出出，尤其是那些身穿着小熊衣服的人，我会装作不经意地瞟一眼，但心底十分艳羡。

这种感觉随着我工作赚钱以后慢慢淡掉了，我觉得我忘了跟小熊有关的事。直到穿上这件粉色卫衣，一下子很多感觉杂糅在一起，我鼻子一酸，借故去客厅照镜子跑开了，不想让我妈看到，因为小熊，我又哭了。

原来我的心里，一直蛰伏着年少时的渴望。

原来我妈的心里，也一直埋藏着亏欠我的愧疚。

哪怕我已经过了花季少女的年龄，她还是想对我有所补偿。

5

我朋友小庄小时候特别爱吃薯片，每次和家人一起逛超市，他都会趁妈妈不注意，偷偷拿一包薯片放在购物车里。当然了，很快他妈妈就会发现，并且大部分时候会把薯片放回货架上，还会斥责他一句。他觉得妈妈对他太苛刻，不舍得花钱给他买零食。

现在他每次回家，他妈妈都要带他去逛超市，让他想吃什么就买什么。

有一次他故意拿了很多包薯片，想试试看妈妈的反应，结果预想中的责骂并没有出现，他妈妈只是瞟了一眼，然后拿起旁边的果汁，问他想不想喝。

他说，那一刻，他感觉心里"轰"的一下，不知道什么东西冲破了他稳定的心理防线。他突然很想和旧时光里的自己来一场对话，告诉那个年幼的孩子，其实你妈妈很爱你，她什么都记得。

我非常理解小庄的感受。年少时，我们会在天平的两端，各自放上父母的爱和一些砝码，父母如果做到了那些砝码对应的事，那么就是很爱我，如果没做到，那么就是爱得很稀薄。

我们从来不会去想，没做到的背后，会藏着怎样的无奈和悲哀。

6

其实，我早就谅解了我妈没有按照约定，给我买一件货真价实的小熊卫衣这件事。

偶然一次打开她卧室的衣柜，为了去拿多余的衣架，我不小心碰倒了她叠放在柜子一角的旧衣服，摞得老高，摇摇晃晃。整理的时候，我发现这些旧衣服都是好几年前，她和我爸的衣服，已经很久没有穿过了。

抚过T恤上垮掉的领子，摸着针织衫凸起的毛球，叠起我爸洗得褪成白色的牛仔衬衫，我很难过，也很自责，最终释然。

当我向我妈开口要小熊卫衣的时候，我是否有注意到她正穿着什么衣服呢？没有。是后知后觉才发现那时候家境不甚宽裕，父母十分节俭，但对我已十足大方。因为除了小熊卫衣，我的脑海里，没有任何觉得生活艰苦的记忆。

我偷偷用指腹把眼角的泪抹干净，然后回到我的卧室，看着我妈，粲然一笑："尺码刚刚好，不用换了！"

我们谁都没有提及10年前的那件事，但我知道，它终于在今天了结了。

因为，比起爱的重量，很多事都太轻，太轻。

你对亲人说话嫌累，对陌生人却掏心掏肺

□侯雪涛

> 语言没有刀刺，有时却能刺穿人心。

拿着那部新款智能手机，父亲如获至宝，笑容绽放在脸上。父亲年过耳顺，只有小学文化，对智能手机的使用并不能得心应手。父亲眉头紧锁，专注地摆弄了半天，终于还是向我求助："朋友圈怎么发？"我不得不把眼睛从精彩的世界杯上移开，去教父亲使用那对我而言简单至极的功能。开始，我耐心地给他演示发布微信朋友圈的操作流程，一遍又一遍。原以为他会慢慢地有所了解，可是当我让他操作一遍时，他还是蒙蒙的。我开始不耐烦了，声音也由细语变为埋怨："都教了你这么多遍了，还是一点儿都不会，这让我怎么教啊！"父亲讪讪地笑了笑。

这幅画面俨然当年父亲训斥我的场景，我开始意识到自己说话的语气有些过激，于是又安慰道："以后想发的时候，直接喊我，我帮你搞定。"父亲"哦"了一声。我暗自庆幸，用这样的方式摆脱了父亲的纠缠，继续投入到激烈的球赛中。父亲伏在桌子上，一手托着下巴，一手拿着手机，那专注的身影嵌在深沉的黑夜里。

前几天，我受邀开展一个教研会议，吸引了很多年长的教师，他们都是对线上课堂模式不太熟悉的人。会后，我和一位老师攀谈起来，他的年纪跟我父亲相仿。他试探地问："侯老师，你现在赶时间不？"我从他的眼神中看出了一丝渴求。"不赶时间，您说。"我礼貌地回他。他连忙从兜里掏出手机，用笨拙的手法连续点了两次才点开APP（应用程序）："你看，我这线上课开通成功没有？""我的课件你帮我看下可以吗？看还有没有要修改的地方？""刚才我没整明白，你能再把会上讲解的方法给我演示一遍吗？"……他一连串的询问扑面而来。我接过他的手机，打开电脑，一边演示着，一边耐心地给他讲解着，心中丝毫没有不耐烦的感

觉。看到他嘴角露出的那抹笑容，我的心里一股自豪感油然而生。

他表情谦卑，连连向我致谢："真是太谢谢你了，侯老师。你可真是帮了我的大忙了呀！回头我请你吃饭。"我挥手婉谢，他又上前握住我的手，再一次表达谢意，从手掌间传来的力度，我感受到了他满怀的真诚。他又叹了一口气，接着说道："唉，年纪大了，像这种高科技产品，我自己玩不转，在家让我儿子教我，他又总是没时间。所以今天真是麻烦你了，侯老师。"

他最后的这句话像一根锋利的针猛然刺了我一下，教父亲发朋友圈的场景又一次浮现在我眼前，顿时，一股莫大的内疚感在我心中肆虐。我能用十足的耐心去教一个陌生人，却没有耐心去教为我操劳半辈子的父亲。对亲人说话嫌累，对陌生人却掏心掏肺。我不禁想到周国平先生在书中所说："世间事就是这样，因为距我们太近，因为与我们如影相随，我们就将之忽略。"然而，我们最容易忽略的，恰是我们一生里最最重要的东西。比如一杯白水，比如一封书信，比如一栋房子，比如我们的身体，比如我们的亲人。

语言没有刀刺，有时却能刺穿人心。所以不要将这些刀刺刺向我们身边的亲人，哪怕是不经意的。

日常求锦鲤，当代青年的生存法则

□卢云堡

> 当你思考的时候，那些思想就会发送到宇宙中，它们会像磁铁般，吸引所有相同频率的同类事物。

又是一年高考季，所有过来人都知道，越是临近考试，越是战战兢兢，考生和家长都会全力以赴地为高考"攒人品"。考生们从头到脚武装起来，只为讨个好彩头，每天按时吃一根油条两个鸡蛋的"满分早餐"，红内裤和红袜子更是一件也不能少。

家长们劳心劳力，给孩子买旺仔牛奶寓意考运"旺旺"，包个粽子挂在书柜顶上寓意"高中"，租宝马车送孩子去考场祈祷孩子"马到成功"，送考妈妈集体穿旗袍祝愿孩子"旗开得胜"……这一波神秘主义的操作，看起来荒诞又可笑。但一切匪夷所思的迷信行为，都来自对未知的不安。面对迫切期待又无法掌控的事，人人都希望自己能幸运一点儿。

歌德说，迷信是生活的诗歌，它是人与生俱来的本性。

必须承认，绝大多数人都无法对自己人生的每一步成竹在胸、运筹帷幄。所谓迷信，就是人类在无能为力的时刻给自己创造的希望。有事没事拜锦鲤，心情不好怪水逆，已经成了不少人的日常。即便是崇尚科学的现代人，多少也会有些无伤大雅的小迷信。

其实，那些追逐锦鲤的年轻人，不见得真觉得靠转发锦鲤就能心想事成。没有人真的相信，什么都不做就能躺赢。只不过，面对生活中的小挫折，转发祈愿是一种微妙的心理安慰。在人人焦虑的时代，日常迷信可以让脚踏实地而又心里没底的人获得一种唾手可得的自我安慰。

在日本电影《比海更深》中，阿部宽饰演的落魄作家沉迷于彩票，老婆和他离了婚，所有人都不理解他。但他说出了令我印象深刻的一句话："我在买的不是彩票，是一个希望，一个用这么小的金额就能买到的这么大的希望。"

试一试总没错，万一成了呢？当我们低头转发锦鲤、许下美好愿望的时候，不就是为了抬头挺胸、轰轰烈烈地投入到世俗红尘当中去吗？

努力，固然是成功的根本，但信心加持的力量，其实不可小觑。

美国著名心理学家罗森塔尔做过一个非常著名的实验。罗森塔尔选取了一些小学生做智商测试，并告诉老师，某几个学生的智商非常高（实际上是随机抽取的），他们的学习成绩将会有很大的飞跃。实验的结果很惊人，被老师认定为"高智商"的几个学生，果真在第二年取得了明显的进步！

由此，罗森塔尔提出了一个心理学理论，叫"自我实现预言"——人们对自己或他人的某种心理预期，将会影响自己或他人的行为，从而使预先的期望在日后的行为中得以达成。

所以，如果你相信自己是幸运的，不仅能够在一定程度上缓解内心的恐惧、焦虑或压力，而且能够在内心注入积极信念，从而增加出现积极结果的可能性。

这个心理学理论，是"吸引力法则"的有力印证。

正面吸引正面，负面吸引负面——简单来说，这就是吸引力法则。思想是具有磁性的，有着某种频率。当你思考的时候，那些思想就会发送到宇宙中，它们会像磁铁般，吸引所有相同频率的同类事物。

随手转一个"锦鲤"，祈求逢考必过，是最简便的一种积极吸引。怕就怕现在是需求旺季，本来已经够忙的锦鲤，不够转了。而且，大家都在转，谁知道运气摊到一个人身上有多少？

现在的我，只想抱抱他

□阿 雾

> 我在手机这头哭得泣不成声，他在那头静静地看着我，眼睛通红。

我和我爸的关系这几年变得越来越不好，但是我知道我小时候特别黏他，经常坐在他脖子上让他带我去买好吃的。甚至后来有了弟弟，他都丝毫没有偏袒弟弟，那时候我仍是家里的小霸王。再后来上了初中，叛逆期，打架逃课成绩一落千丈，从年级第四落到年级600多名，初中32个班，1000多名学生。他那时候忙于琐事，连我在几班都不知道，一个班一个班地找，最终找到了我，带我回去反省。

他变得暴躁，时好时坏，动不动就用凳子腿打我，或是让我跪在墙角四五个小时。我那时候满脑子都是我要远离这种生活，我要够强。

2012年大年三十晚上，我拿着酒瓶，冲他的头抡了过去。他喝多了，回家就骂我妈，骂我，骂我弟，说要和我妈离婚，他要房子要地就是不要我和弟弟，说了很多不堪入耳的浑话。最终我手里的酒瓶在他头上两厘米处停了，我看到他眼眶泛红，胡子拉碴，心软了。

毕竟是我亲爹啊！我再叛逆再浑蛋也不能动手打他。他后来再也没说过离婚的事。而从那以后，我和他的关系降到了冰点。

我离家读大学，他从来不给我打电话，我妈天天打给我，跟我说我爸总拿起手机又放下，劝我跟他低个头，他只是拉不下面子。我那时候不知道哪来的傲气，硬是不低头。

后来我步入社会，一年回家的次数屈指可数，大多数时候都是我妈跟我微信视频。她说她把我的微信号给了我爸，我爸一直没加，他不知道我有没有原谅他，不敢贸然加，怕我又跟他吵起来。

前天我和我妈视频，远远地看到他坐在沙发上，头一直往这边探，我妈也故意

感谢你，
盛装莅临我的成长

让了让身子，让他看到我，我突然鼻酸得不行。现在的他已经打不过我了，也不敢打我了，甚至连看我都是小心翼翼的。

我要怎么原谅他，他拿工地上的钢筋打过我，把我的脚踝打得肿了一个月。

他让我跪过通宵，一口水都不给我喝。

他让我抄试卷，让我抄书。

他让我恨他。

这些事情明明历历在目，我当时却无论如何都没办法压下想抱他的冲动。

"爸，你往前头坐坐，快来看看我是不是长胖了。"

他愣了一下，挪了过来，仔细看了我很久："没有胖，脸都这么瘦了，是不是外头吃得不对胃口啊？改天回来让你妈给你炖点排骨补补。"

我在手机这头哭得泣不成声，他在那头静静地看着我，眼睛通红。

视频结束以后，他加了我微信，又给我打了一万块钱，叮嘱我多买点好吃的，我这么瘦太丑了。

我从来没有告诉过他们，我卡里很早以前就剩九毛八了，我吃了两个月的泡面，整个人都酸了。

他后来跟我妈说，他看到我身后茶几上的方便面袋子了，他知道我不喜欢吃方便面，他知道我不会无缘无故两个月不剪头发，他知道我很久没买衣服了，他知道我过得很辛苦。他不想让我觉得他在可怜我，就什么也不跟我说，只说让我以后多吃些。

他有着为人父的责任和尊严，我以前的行为是在不停地挑战他。他恼羞成怒，想让我长长记性。他知道自己下手重，他知道对我太过严厉，他不好意思跟我道歉，他真的拉不下面子。他揣测不了我的想法，他只能什么事都自己扛。

如今，他牵挂的孩子长大了，现实磨平了我的棱角，也浇灭了我年少时的怒火。

现在的我，只想抱抱他。

妈妈说，她再也不打我了

□ 朱 瞻

> 有一期，我讲了自己的梦想：我要做一名记者，把我妈打我的真相曝光，让所有人都知道她是个什么样的妈妈。

一

小时候，我一直怀疑一件事儿，我妈生我养我，就是为了打我。

我在挨打这件事上向来独孤求败，没听过身边有谁挨的打比我多。上学之前，我在乡下跟爷爷奶奶住，我妈一打我，老爷子就气得吃不下饭。她只好见缝插针，等二老出门，她就开打。不过，她在一家国营造纸厂上班，每天起很早，傍晚才能回家，回了家还得做饭，很少腾出手来。

那时我们最流行的健身运动就是爬树。夏天最大的乐趣，就是上树抓知了，把知了装进喝完可乐的塑料瓶，观察它们从哪儿发声。我身体最小巧，爬得也最快。这一度从妈妈手下拯救了我。

我妈一动手，我就爬上家门前的大槐树，那树不算粗壮，但足有三层楼高，长得歪歪扭扭，密集的枝干向四方延伸，很利于攀爬。我妈又气又吓，在下面跳着脚骂我："你个猴崽子，爬那么高不怕摔！"她骂到没力气，回房歇会儿，再出来骂。

傍晚，我又累又饿，她站在树下笑眯眯地说："下来吃饭吧，妈妈不打你。"那时我妈很漂亮，眉毛整齐得像一条卧蚕，眼睛黑亮黑亮的，皮肤白皙，鼻子和嘴巴小巧精致，笑的时候像画里拿着书卷的闺秀，我一恍惚下了树，又挨了一顿打。真是应了张无忌他妈的那句话：越漂亮的女人越不能相信。

我也有过英勇的反抗经历。那时我和小朋友喜欢玩一个游戏——溜渠，爬到渠上有一点儿高度但相对平缓的土坡，伙伴们排队，抱头往下滚，一起身，人人一身黄土，外加一嘴土腥子。我们每天都去玩，用现在的话说，叫日常打卡。

有天我刚滚下坡，站起来，还没来得及拍掉身上的土，身后一阵冷风袭来，后背上结结实实挨了一巴掌，一转身，看见我妈正准备朝我劈来第二掌。

或许是为了面子，或许是本能反应，我大胆地抓起一把黄土，朝她眼睛上撒过去，还先发制人，跑回家扑到奶奶怀里告状。这事不了了之，但我妈站在门口看我的眼神从此成了噩梦。现在想想，她眼睛里就写了四个字：来日方长。

我要去城里读小学了。一到城里，我妈占尽天时地利人和。以前我还能和她平分秋色，到了新地盘，就成了单向吊打。

四年级上毛笔课，我穿着新的白色运动服，手里拎着装了墨盒和毛笔的布袋。路上春光无限好，我一边哼歌，一边潇洒地将手里的袋子甩出流畅的360°。

回到家我妈劈头给了我一巴掌，沉着脸拉我去照镜子：我的白色运动衣上，大大小小的黑色小点星罗棋布，我被自己吓了一跳，赶紧换下衣服。

我妈一边洗一边训斥，我还不知死活地看起动画片，她操起手旁的笤帚朝我的屁股就是几下，我这才知道她是认真的，赶紧往外跑。她蹬着高跟鞋，追了我两条街。

还有一次，我上完手风琴课忘记将琴谱带回家，被她打到全身出现紫色的印痕，整个夏天都没法穿裙子。

一般，我妈打完我就失踪一会儿。她再出现时，开始抱住我，揉一揉我挨打的地方。再过一会儿，她还会再打我，简直有点儿人格分裂。

我爸在家时会护着我，但他工作忙。每次要出差时他就摸着我的头，叹口气说："你听话点儿吧。"父女俩拉着手无语凝噎一会儿，氛围很是凝重，像是生离死别。

时间久了，假如有三天的时间我没挨打，我就开始思索自己近来有没有犯错。吾日三省吾身，大抵就是从孔子他妈打他开始的。

二

我试图弄清楚妈妈为什么打我。

有次我从爸爸口袋里摸出100块钱，拿去小卖部买零食，阿姨说："你一个小孩，拿这么大的钱我可不敢收。"我只好溜回家，把钱折成两个拇指盖大小，塞在铅笔盒里。傍晚的时候，我妈就发现了，打完我还罚我跪了两个小时，我跪着时问我："你这是小偷的行为你知道吗？"

我梗着脖子："我没偷，我顺手摸出来的。"她直打到我说"我再也不敢偷钱了",整个人虚脱一样落在沙发上。过了一会儿,抱起我,帮我揉被打的地方:"学习不好可以原谅,品行不端就不能原谅了。"

我们住在法院家属院,十几户人家。爸爸们每天早晨八点就出门上班,妈妈们在家做饭织毛衣打小孩,家属院响彻着小孩挨打的声音,公认我的叫声频率最高,最响亮。有时候小朋友聚在一起互通有无,交换自己被打的经验,试图寻找家长们的雷区。

"他们为什么老打我们?"有个圆滚滚的男孩发问。

"你不知道吗?这院子里我妈,还有好多阿姨都下岗了。"大我们几岁的哥哥显摆地说。

"什么叫下岗?"

"就是没工作了,没钱花了。"

最后大家的一致答案是,下岗会让家里变得很穷,妈妈们脾气变得很差,却可以有很多时间来打我们。

下岗没多久,我妈跟着别人学做生意,第一次进货就让人给骗了。

为了省几毛钱的公交车,我妈总是蹬着高跟鞋走挺远的路。我喜欢的娃哈哈AD钙奶或冰激凌不能再买了,我就躺在小卖部门口的冰箱旁滚来滚去,她觉得丢人,一手抱起我,胳膊相当有力。回家时她的脚磨破了皮,要用水清洗,她咬着牙,收拾完自己的伤,就揍我一顿。

哪里有压迫哪里就有反抗。小学四年级,学校组织了作文训练班,还挑选写得好的同学做课堂演讲。我以相当华丽的词汇,写了一篇我妈打我的血泪史,近3000字。我的这篇作品成功入选,从此我开始了自己暗地里的反抗,揭露妈妈的暴行。

课堂演讲在每次课开头的5分钟,大家讲关于自己的小故事。我讲的,就是我妈如何打我。有一期,我讲了自己的梦想:我要做一名记者,把我妈打我的真相曝光,让所有人都知道她是个什么样的妈妈。还有一期,我讲了自己做的梦:梦到城里的新家门口也长出了一棵大树,我妈一打我,我就爬上树,树上有白里透红的桃子,还长出了汉堡和薯条,我从此过上了不再挨打的幸福生活。

我的挨打故事,在班上很受欢迎。大家很开心能有一个挨打最多的同学垫底,他们惊讶之后,就开始鼓掌。因为很受欢迎,我挨打的故事连载了好多期,直到有一天老师实在听不下去了,结束了这连载。

那会儿很多同学描写自己妈妈的时候,都喜欢用"漂亮",不过我妈,很久没有跟"漂亮"这个词挂钩了。我不甘人后,用了一个比喻:"公鸡般骄傲的母亲。"那时候她32岁了，下巴总是抬得高高的，挺着身板，露出微微凸起的小腹，盛气凌人地回应我的指责。

不过我妈也有优点。比如力气很大，赚到第一笔钱后，她每周带我去老师家学手风琴，她能扛着重得要命的手风琴，挤40分钟的公交车，再踩着高跟鞋，走两千米的路。我爸很少在家，妈妈能轻易地抬起煤气罐换煤气，院里停水，我妈就走很远去其他院子，一个人拎着两桶水回家。

她体力也好，打我时没一下轻的，一追我就能追两条街。

三

上初中之后，我暗中报了学校里的田径队，参加百米赛跑，大概是青春期里旺盛的激素带给我的力量，我个儿也蹿得跟她差不多高，跑得更快，也更有耐力。初二时参加运动会，我拿了全校800米第一。在台上领奖的时候，我就想，我妈再也追不上我了。

可惜回到家中，这气势就没了。毕竟我妈余威仍在，我也不敢放肆。因此，尽管我已经有了武力反抗的能力，但一直没敢尝试，还是以逃跑为第一计策。

直到高一，记不清具体什么原因，那次我俩争吵得很凶。她冲上来抓住我的胳膊，我甩开，推了她一把，她一个趔趄没站稳，摔倒了。

她眉头抬得老高，不可置信地看着我，但她动了动嘴，最终没说出什么来。良久，她扶着冰箱自己站起来，很快转过头，走进屋子里，大声哭起来。

我当时只觉得这是人生第一次武力反抗胜利，并不觉得有什么愧疚。毕竟她打了我那么久，我都没哭，她有什么好哭的？

那以后她很少打我。也许她隐隐知道，她早就打不过我了。但我们有更大的冲突。

她偷翻我的日记本，发现我有交往的男孩，嚷着要去找班主任。我在家门前堵着，我们俩吵了将近1个小时，她习惯性地伸出手准备给我一巴掌。我昂着头，瞪着眼睛看她，心里的愤恨快要喷出来："你来啊！"

她怔怔地看了我一会儿，缩回手，转身进厨房做饭。这件事居然就这么轻松地过去了。

我把那一刻当作反抗的真正胜利。从那天起，她对我不再那么强硬，甚至变得小心翼翼。

喜欢的男孩很快转学去了其他城市，我们挨过父母老师的反对，却没扛住几千千米的距离。我哭得稀里哗啦，她也不问，默默给我盛饭，等我哭够了，她扑哧

笑起来:"你怎么还跟小时候一样,光打雷不下雨,哭了半天也没几滴眼泪?"

我抬起头充满敌意地看着她,她有些尴尬,低下头吃饭。我们已经很久没有说话。我爸逼着我去道歉,但我梗着脖子决心跟她干到底。

她主动示好,我也顺势给了台阶下。我装作恶狠狠的样子抢了她筷子下的肉,她扑过来咬一口我的脸颊。我知道,她是想用一种委婉的方式哄我开心。

那天她讲了自己的初恋,讲姥爷如何反对她和我爸,她又如何偷了家里的户口本跑出来跟我爸结婚,她还讲了自己的妈妈。

四

她小时候,姥姥对她的唯一教育方式,也只有打。

有一次,我妈捡到一个新手帕,姥姥看到了,认定是她偷的。旧社会的人,讲究棍棒底下出孝子,就让她跪下,一边打一边质问她手帕从哪里来的,她差点儿哭晕过去:"真是捡来的。"姥姥说,捡来的也不行,从哪来就得回哪去,拉着她一路找回去,放在了手帕原先的地方。

妈妈12岁那年,姥姥得了肺病,病入膏肓,但打起我妈来却很精神。姥姥逼她学做饭,那时做饭用柴火,我妈被呛得不行,就是弄不出火,每天就被打得很惨。

没过多久,姥姥就去世了,"你姥爷说,那会儿你姥姥知道自己不行了,她怕我不会做饭挨饿,每天就打着我在灶房里学做饭。"

她也像早早离世的母亲那样,相信自己可以宣告对我人生的掌控权,通过暴力控制我不往她认为危险的方向发展。她深信母亲的权威压倒一切,她有资格随意进入我的房间,翻看我的日记,决定我结交什么样的朋友。

但我推她那一天,她忽然发现,我成了一根绳子上跟她对立的另一股劲儿,她越拉,我走得越远。

她不知道自己要做些什么,唯一能确定的是,再也不能打我了。打我,树立了一个母亲的威严,当她决定不再打我时,她就放下了这种威严。

聊开之后,我们的相处好了很多。她会跟我聊我的朋友,聊我的初恋。她很少问我的成绩,只跟我讨论我想考去哪所大学,做什么样的职业。

她偶尔会跟我撒娇,说:"你也跟我说说你的事嘛!"我就凑合着讲点儿,一不小心讲出了好些秘密。比如初中时,我屋子里的毛绒玩具大多是男孩子送的,我骗她说是我闺蜜送的。

她翻了个白眼,"我就知道!"不知什么时候,她跟我学会了翻白眼,就经常用这种白眼回我。

我上高三的那年冬天,她做了原料丰富的牛肉辣酱,夹在热腾腾的馒头里,让我带给几个跟我关系不错的男生和女生。出门的时候,我亲吻了她,她"咦"的一声,惊叫着鄙夷了我一番,忽然就哽咽了。

　　去上大学前夕,我们聊了一整夜的天。我问她:"以前你打完我就消失了,回来又一副心肝宝贝的样子,你是去干吗了?"

　　她说好多次打完我,自己蹲在外头台阶上哭,不知道生活为什么成了这样子。有时下班的人陆陆续续回来了,她怕丢人,再转到厨房里哭一会儿,"我那时也就像你现在这么大,还是个年轻的姑娘,除了打,压根儿不懂得怎么教育小孩。"

　　等回到屋子里看到我干号着不流泪,又委屈得不行的样子,她想,这孩子确实太小了,不能体会大人的辛苦,长大就明白了。

　　那段时间她刚下岗,每天匆匆忙忙地骑着自行车接我放学,然后就赶着回家做饭,还要腾出工夫打我。她的皮肤被晒得黝黑,眼睛也没有以前黑亮。回家路上,我看到她经常背手风琴的肩膀,勒出一道深红的印子。

我爱着，那个和我长得一样的女孩

□周　晓

> 成长的过程中，我们遇上任何困难，都是和对方一起克服的。

双胞胎，这种特殊的身份，常能让我体会到一些独生子女难以体会到的情感。

我是姐姐，小的时候，爸爸总爱跟我说："你是姐姐，得多照顾妹妹一点儿。"可双胞胎，姐妹俩的出生时间一共就差了3分钟，这算哪门子的姐妹？所以每次听到这句话，我一定会毫不犹豫地反驳："那她怎么不'尊老'呢？"爸爸是个十分沉稳又嘴笨的人，有点儿像刘震云写的《一句顶一万句》里的私塾老汪，说不过我还被我的话气得咋舌。相反，妈妈是个思想开明的人，偶尔也会在旁边附和着："是呀，都什么年代了，要人人平等啦！"

一路成长，我们姐妹俩确实也事事都践行着"人，生而平等"这句响亮的口号——芭比娃娃一人一个，零花钱各管各的，电脑一个人玩了5分钟就必须换另一个人玩……我们对任何东西都斤斤计较，小心翼翼地分得清清楚楚。

然而，只有我们自己知道，我们绝对是世界上最爱对方的人。这种爱，甚至超出了对父母的爱。

独生子女自然不能理解为什么会这样。仔细想想，从出生到上大学之前，我们可以说是形影不离。我们之间没有任何秘密，我们了解对方的喜好。不，应该说，相同的生活轨迹，造就了我们几乎一致的喜好。成长的过程中，我们遇上任何困难，都是和对方一起克服的。除了双胞胎，世界上还会有另一个人，有机会在你的人生中和你产生这么多的羁绊吗？

平时我们成绩相仿，高考时，妹妹发挥得更好，比我高出了十几分。成绩出来的那一刻，当我看到我最亲爱的人比我高出十几分时，我激动地跳了起来。要是换作其他任何一个人，我都不可能这样心甘情愿、毫无嫉妒地替他开心。

然而，接下来，如五雷轰顶，我意识到，我们将面对18年来的第一次真正意义上的分离——她可以出省读大学了。我的心里更多的是慌张，18年里，我从没过过没有她的生活，她也从来没离开过我。接下来的日子肯定要过，但我不知道该怎么过。我也很担心，她一个人在外地，有人欺负她时谁去帮她，担心她一个人在外面睡不着时谁能陪她说说话。

直到在高铁站台上，看着她拎着大包小包上车，我强忍着眼泪，把鼻涕吸回鼻腔，装作漫不经心、毫不在意地对她说："自己照顾好自己，美好的大学生活等着你。"我在笑，笑得那么自然、那么轻。我的心，像刀割一般疼痛，我全身的细胞，都想一同追随这趟高铁，随她同去。

但是，我酷酷地对自己说："什么年代了，人人平等啦，爱早就不是束缚的理由啦。"

那个和我长得一样的女孩，请你也要加倍勇敢，酷酷地爱这个世界！

哪一个老爸不是又怂又猛

□闫 红

> 许多年后老爸才肯道出他心中的不安,说他其实比我更害怕,因为他知道这条路有多么难,只是,我既然非要这样,他就只能陪我冒险。

我爸有个朋友,是那种智商过剩人士,具体表现为不爱好好说话,总是语带三分讥诮。十有九人堪白眼,天子呼来不上船。仿佛他是那种传说中的高士,早已将世事看穿。

然而某个七月的晚上,他来找我爸,脸上是我从未见过的一种急切焦虑。他说他女儿这次高考估分不高,估计考不上理想的学校,现在闺女情绪很低落,他不知道该怎么办,问我爸有没有办法。

他说这些的时候,背对着正在写作业的我,我看到他的肩背已经佝偻,稀疏的头发白了大半,这发现让我震惊。原来,心高气傲如他,也有这么脆弱的一面,只有他的女儿,能让他呈现出这一面。不过,他能够低下身段,放弃日常人设,为了女儿低声向我爸请教,这又是做父亲的一种猛。

说起来哪一个老爸不是又怂又猛?我爸也是。

我小时候最怕坐我爸的自行车,他骑得慢,还三步一停,过马路要停下来,碰到个坎儿也要停下来,我跟我妈投诉,我妈说,那是他怕把你们给摔了,他自己骑车时不这样。好吧,我,心领了。

我爸还特别爱搜集报纸上的天灾人祸,带回来,念给我们听,千叮咛万嘱咐:一定要小心啊!千万要小心啊!害得我打小就对"人有旦夕祸福"这六个字理解得相当深刻。

当然,我爸这样谨小慎微也是我们的福利。比如说他给我零花钱特别大方,怕我像新闻里的女孩那样,为仨瓜俩枣上了人家的当;我弟有时跟他怄气,摔门而去,我爸也是第一时间追过去,生怕他想不开干出点什么事。总之,我爸从不高估他家孩子的智商与理性，他这爹当得就有点怂。

但我爸也干过特别猛的事。

一次是跟他们领导的夫人硬杠。那时我们住在单位大院，我爸有个领导，养了条狗，不拴，那狗成天在巷子里乱蹿，有次把我弟弟给咬了。

我爸带着我弟去敲门理论，领导老婆开的门，翻着冷冷的三白眼，说："被咬肯定是你撩它了，什么东西都到我这儿来找事。"我爸气得要揍她，那领导这才出来，跟我爸赔礼道歉，那狗后来也拴起来了。但我爸从此在单位就被边缘化了，坐了很久的冷板凳。

许多年后说起这件事，我爸说，不后悔，那个时候，当爸爸的如果不出头，孩子就有可能窝囊一辈子，其他的事，跟这个比起来都是小事。

另外一件事我以前也写过，我读高中的时候成绩不好但热爱写作，高二时，不想再读下去，我爸居然就同意了。然后他把我送到不发学历证书的复旦大学作家班，在异常拥挤的车厢里，跟我说非常之人必行非常之事，你放弃高考，就是置之死地而后生。又说，凡有所成者，都必然历经波折，否则你思维的深度就达不到。不过，人生的价值，并不在于一定要有所成，而在于你是不是认真地活过……

听过这件事的人，都说你爸真猛。许多年后老爸才肯道出他心中的不安，说他其实比我更害怕，因为他知道这条路有多么难，只是，我既然非要这样，他就只能陪我冒险。所以他跟我谈宏大乐观的话题，是给我也是给他自己鼓劲。听起来是不是不像我以为的那么大无畏？但是，建立在恐惧之上的勇敢，才是真正的勇敢。怂与猛，是做父亲的一体两面，为了孩子，他们低得下去又站得起来，能够在一米四和两米八之间无缝切换。

我最近在追浙江卫视的《带着爸爸去留学》，就因为在这部剧里孙红雷演活了这样一个又怂又猛的老爸黄成栋。

印象中孙红雷丑帅丑帅的，小眼睛，透着点儿蔫儿坏，还挺迷人。他当年在《浮华背后》里演一个黑帮老大，举手投足间气场十足，虽然是个反面角色，还是让我相当地心驰神往。

很难想象他去演一个爹，而且是顶着他那标志性的齐刘海儿演一个爹。

待到他一出场，我就发现，他真的很像一个爹，我们最熟悉的那种爹。

他是个小人物，没什么能耐，也没钱。送儿子去美国留学，他时时记着一比六的汇率，儿子扔掉他那几十块钱买的假金链子，他心疼得龇牙咧嘴。

偏偏他对豪车有着纸上谈兵的精通，坐到人家车上开始吹牛，好像所有的豪车他都曾过手。人家问他开什么车，他说，我手中无车，心中有车，人车合一，我就是车。哈哈哈，这一段孙红雷老师演得太有神采了，既没皮没脸，又有一点儿娱人娱己的洒脱。

但曾舜晞演的儿子黄小栋听不下去了，青春期的娃，自尊心强，受不了他爹这么丢人现眼。看到这里是不是觉得很熟悉？朱自清的《背影》里说："我那时真是聪明过分，总觉他说话不大漂亮，非自己插嘴不可。"谁没有过百般看不上老爸的时候？

但曾舜晞的气性也忒大了点儿，当即要求下车，在异国他乡的深夜，那个娃居然就那样单衣薄衫，负气甩掉他爹走了……

孙红雷一下子就怂了，他脸上的纹路肉眼可见地往下走，臊眉耷眼的，连没有什么肉的两腮都坠了下去，再加上那个让他显得格外苦楚的毛线帽子，真是好惨一男的。

好容易将这儿子找回，曾舜晞又开始早恋，又开始失恋，在青春期的娃面前，孙红雷这个当爹的真的是没脾气，要迎着儿子的不屑，各种低声下气，认低服软，实在是不能更怂一点儿了。

然而从怂到猛只要一瞬间。儿子失恋了，他帮儿子去围堵情敌，气急败坏，目眦尽裂，但是一点儿都不"马景涛"，又好笑又动人；遇到恐怖分子，他能够直冲向歹徒，子弹从他耳边擦过，耳朵一下子就糊了，差点儿没命，但他惦记的，依然是儿子的安全。

他对儿子说，你要是出点儿什么事，我跟你妈就没法活了，活着，也等于死了。

他的声音干巴巴的，听得我鼻子一酸，他说出了所有父母的心声，一个父亲的怂与猛，都出于对儿子无限的爱。

养育孩子，就像手捧琉璃盏走钢丝，一方面你战战兢兢如履薄冰，生怕有所闪失；另一方面，你又恨不得有参孙那般徒手击杀雄狮的神武，可以为孩子打出一片最安全的天地。

太辛苦了是不是？给予孩子信任和祝福，才是为人父母者真正的勇猛啊！孙红雷接下来会这样做吗？我觉得应该会，这是真爱的必然走向。送君千里，终有一别。此刻的陪伴，不过是希望离别时，你的脚步更加矫健。

涂松岩演的另一个爹说："谁陪孩子都不能陪一辈子，或长或短，也就能陪一阵子，为了这一阵子，耗上一辈子。"这话说得有点儿伤感，内中未必没有欢喜。为了孩子，他们愿意耗上一辈子，以瞻前顾后的忐忑，以只身赴险的勇敢。

"只要你回头，爸肯定在"，孙红雷脱口而出的这句台词，其实是多少父亲铭记于心的誓言。

感谢你，
盛装莅临我的成长

一个"凉薄"儿子的自我反思

□ Acher

> 我想抛开一切由家庭环境带来的负面情绪，更想跟那个凉薄的自己和解。

"你17号要去香港跑马拉松吗？别逞强啊，注意身体，跑不完就算了。"在越南下龙湾的游船上，坐在我身旁的妈妈突然开口说。

正看着窗外景色的我，愣着点了点头。几个月前报名时，我有跟爸妈提到过一下，但之后便没有再提。可以聊，但没必要。我理所当然地想。

自上大学以后，我已经独自在外生活了快7年。过年前，只是两个星期没有打电话回家，妈妈便以此为导火索，复述了我过往的一堆罪状。其中，包括"一回家就摆臭脸""不好好说话"等。和妈妈吵架，跟和女朋友吵架其实没什么区别。说到最后，无非就是一句话："你变了。"

但妈妈的话语显得更耐人寻味："不知道你怎么了。越来越不重视家庭温暖，整个人越来越凉薄。"

"凉薄"，一个陌生又莫名戳人心的形容词，隐没在昏暗里的我，突然语塞。

可能想反驳，也可能只是出于职业习惯，我马上掏出手机，搜索了它的准确意思。其中一个解释，应该比较贴合她对我的批评："像一块凉凉的冰一样。由内而外，处处无情。"

我怀疑的是，我是否真的是一个无情的人。如果是的话，又是什么时候开始变成这样的？

从我读大学起，家人庆祝生日的晚饭几乎都是我安排的。

爸爸喜欢吃家常菜，我会在点评网上找到一家正宗的顺德私房菜，穿街过巷地带他们去尝；妈妈偏爱味道浓的，我会托朋友介绍广州最好吃的煲仔菜，假装不经意地领着她去吃饭。又比如这一年一次的家庭旅行，我都会提前分析路线、做好攻略，只希望他们在旅程中能多省点儿心，拍照的时候也能笑得开心一些。

甚至早在小学三年级，我就会为妈妈准备惊喜了。9岁的我，顶着烈日暴走了几千米，在一片开满牵牛花的草地上摘了一大束蓝色、紫色的花，带着泥土，送给了下班回家的妈妈。那一天，她感动得说不出话来。

后来，这件暖心的事被妈妈挂在嘴边，成了一个"反衬"我现在凉薄的例子。

读大学之后，有一次师兄邀请我参加他们的睡衣派对。我盯着手机看了很久，最后还是咬咬牙地发送"我这个星期不回家了"，然后在派对期间全程保持手机静音。

正是从那一刻开始，我内心的"家庭恒温箱"被打开了。我发现，我似乎可以掌控自己和家人的距离和温度了。我终于可以不再经营一个"乖学生""乖儿子"的人设，并开启了延后的成人叛逆期。

从那以后，我认识了越来越多的朋友。我把我有限的热情，逐一分给那些出现在生活里的人们：我会陪朋友去医院看病，帮实习单位的同事顶替工作，给女朋友挑选纪念日礼物。而原本分给亲人的那一份热情，已经所剩无几。

从小到大，家人都严格控制着我和他们的距离，甚至在上大学以后，我还是被要求每个星期回家一次（学校在离家不远的广州）。表面上乖乖地生活在"家庭恒温箱"里，内心其实一直在密谋着"打破恒温"的机会。

其实还有一个藏得更深的原因。这些年来，我在他们眼里，很多时候只是扮演着一个让他们看起来舒服的角色。然而生活在一个高分贝家庭里的我，随着年龄增长，只想成为一个可以降低分贝的人。

比如，我不怎么喜欢过年。因为春节前后，爸妈会一起搞卫生、办年货、处理家里的大小事情。两个急性子的人聚在一起，小小的一件事情都能扯起嗓子，吵得面红耳赤。最初那几年受他们影响，我的情绪也会非常激动，抬高音量一起吵。

直到后来我发现，父母从小对我的要求，根本就是自相矛盾。他们既要求我重视家庭温暖，做个孝顺的儿子，又一直把我置身在一个高分贝，以当面吵架来解决问题的家庭环境里。

我意识到，如果我不能改变家庭环境，那就只能选择一种遵循内心的，让自己更舒服的相处模式。

而在妈妈口中，我的"凉薄"，大概是因为我终于把心底很多年的不快，孵化成一种"对抗"的状态。所以，为什么那个"送花的我"会消失？是因为长大以后，我其实没有真正找到过一个对家庭宣泄不满的出口。沉默地疏远，似乎是我想到的唯一一个安静的办法。

回到越南下龙湾的游船上。下船后，我们爬上了天堂岛的小山。过程中，没说几句话，却默契地停在了半山腰的观景台休息和拍照。

用妈妈的手机帮她拍照时，我忽然发现，她的iPhone提醒下个日程，是2月17日的香港马拉松，还附上了一个"加油"的颜符号。这才记起，原来我和妈妈一直共用着一个Apple ID。这要追溯到四五年前，她第一次用iPhone，我为了方便帮她下软件，直接用了自己的ID登录。所以，我在手机、电脑上记录的日程和事项，她在自己的手机上都能看见。

换作是现在，这一定是很多年轻人都无法想象的行为。但当年，或许出于信任的本能，或许因为一直在"家庭恒温箱"待着，我就这么和妈妈共享了自己的生活日常。

又忽然想到，那次妈妈之所以说我"凉薄"，可能是因为，我在那两个星期经历了几件重要的事，包括第一次回母校演讲、第一次在我喜欢的刊物上发表署名的文章等。她在同步的手机日程中都看到了。但我根本连提都没有跟她提过。

当最亲的人只能通过手机屏幕知道对方近况时，心里的预期落差，的确会让人心灰意冷吧。

那时候，我有一种被自己的"凉薄"打脸的感觉。之所以说打脸，是因为，我也开始从我的行为里感受到"凉薄"了。虽然不愿意承认，但是我从心里觉得，这样做真的伤害了我和妈妈之间的感情。

想起我这几年的心理状态，其实是习惯性地把"找出对方的症结"当作解决矛盾的第一步了。我从来没有和他们说过，我期待的家庭关系是怎么样的，我却期待他们会按照我的预期去生活。

这种沉默的关系，自然不会有什么好的结果。

除了我养成了"拒绝他们的关心"的习惯，他们越发感受到来自我的"长期而无法理解的冷漠"。

家庭环境能改变我对亲情的看法，却不能改变我们之间最真实存在着的感情啊！

我在心里，是想跟他们好好相处的。我想抛开一切由家庭环境带来的负面情绪，更想跟那个凉薄的自己和解。

作为亲人的几十年缘分，我们还能像现在这样有说有笑地过多少年呢？我情愿抛开一切乱七八糟的情绪，就这样，珍惜眼前人吧。

在这趟旅途中，如果有机会，我想好好地跟妈妈说说话。除了说出我这些年来因为家庭环境产生的改变，更重要的是告诉她，如果我们在关系中能做到彼此尊重和理解，我想一定可以逐渐融化心里的凉薄。

想太多，行为会变形

□罗振宇

> 当你总在防范别人的时候，你的行为、你的判断，就极有可能是错误的。

有时候，处理人际关系时想太多，会导致自己的行为变形。与之相反，"遇到什么事，先不管旁的因素，只看这事该怎么处理"，则是更直接有效的方式。

当一个人总是在防范别人时，他自己的行为与判断往往可能出错。而简单、诚意，恰恰可以带来人与人之间更好的相处。清代历史上，诛杀顾命大臣的事件有两次：第一次是康熙擒鳌拜；第二次是慈安、慈禧联合恭亲王，诛杀肃顺。咸丰皇帝死时，同治皇帝尚幼，所以咸丰安排了以载垣、端华、肃顺为首的8个顾命大臣，将朝廷日常行政事务交给他们处理。但为保留皇家的最后否决权，咸丰又把自己的两枚印章分别给了两位太后。

肃顺一直担心两宫太后要夺他的权。当时有一个叫董元醇的御史，上了一道折子，提议请太后出来垂帘听政，并且让恭亲王也加入执政队伍。肃顺如临大敌，他立即草拟了一道旨意，用非常严厉的言辞批判了董元醇，然后要太后盖章。两宫太后拒绝盖章，她们觉得，这道旨意就不要发了。然而肃顺以"罢职"威胁，太后们没办法，只好同意了。但仇就此结下了。肃顺一心防范别人，却是给自己挖了个大坑，最后身家性命不保。

其实肃顺是一个能臣。明白人为什么会犯下这样的大错呢？因为他总是在想，别人会对我怎么看？两宫太后会不会夺我的权？如果要夺我的权，我应该怎么防范？说白了，就是想太多了。一想多，他的行为就会变形；行为一变形，对方心里就会结疙瘩；对方心里结了疙瘩，对方的行为也会变形，最后双方自然就产生了冲突。董元醇上折子不对，把他驳了就完了，跟太后较什么劲呢？

其实，我们普通人处理人际关系的时候，也经常会犯这样的错误。还记得契诃夫写的那篇著名小说《小公务员之死》吗？主人公是怎么死的？被将军吓死的。将军真要处理他吗？没有。他老是担心将军要对他怎样怎样，最后把自己活活吓死了。这就是一种纠结。

　　这就是人际关系的一种博弈：当你总在防范别人的时候，你的行为、你的判断，就极有可能是错误的。

把妈妈给我的智慧还给她

□ 白简简

> "我是为你好"这句话,大概也将成为我对待父母的座右铭。

儿女和父母争辩时,有着先天的"弱势",父母一句"我是为你好"犹如千军万马,你纵有千般理由也瞬间土崩瓦解。

其实这句话也没错,小时候父母让我多吃饭少吃零食,念书后让我多看书少看电视,这些管教造就了我现在成为一个身体健康、有文化、有理想的好青年。只不过从大学离家的那一刻起,父母思维的更新速度慢慢就跟不上一个如脱缰野马放风在外的年轻人,于是,各种矛盾在酝酿中一触即发。

我的妈妈拥有天下所有母亲的特征,比如勤劳、勇敢、善良,且爱女甚于己。每次离家返校,她恨不得把家里所有吃的用的都给我装进行李箱,生怕我在学校受委屈。最关键的是,她还爱上了买行李箱。一年夏天,我一个人拖着两个半人高的大行李箱,在北京地铁错综复杂而又无电梯的换乘通道里,拎不动又放不下,终于号啕大哭。

"不用拿了不用拿了,什么都不用拿!"这句话不是我说的,是妈妈说的,当然,这是一句赌气的话。又一年返校日,当我提出不需要带那么多东西后,妈妈的联想功能自动触发:你不要带这个,不要带那个——你就是都不要带——你就是跟我过不去——我是为你好,你却不知好歹……

年少气盛的我,自然接受不了这样的神逻辑,于是,一场家庭范围的小规模冲突爆发。斗争的结果是,行李箱由两个减一个,但母女双方都怒气冲冲。这样的情景剧上演了两三次之后,我意识到抗议不能解决问题,只能智取。

大部分父母看着儿女从一天都离不开自己的小人儿,变成一个独立的成年人,心里都会有失落感。从这个心理出发,推理可得,妈妈要的是一种自己被儿女需要的感觉。战略已定,就差操作了。

感谢你，盛装莅临我的成长

A计划，主动跟妈妈说我要什么，请她操办，这样既让她获得了存在感，也满足了我的实际需求。B计划，告诉妈妈有淘宝和快递这两件神器，还有免运费这样的大杀器。C计划，"不经意"地透露，北京的火车站和机场都离学校很远，东西多我就得打车，100块都打不住，东西少就能坐通行全北京的地铁。灵活运用这三招，行李问题迎刃而解。

毕业后，我留在北京工作，退休后的妈妈更加寂寞。她的青春年华都湮没在家乡那个小镇，没出过什么远门，于是每年春天赶上我放假，我就带她去看看伟大祖国的大好河山。

据说考验情侣之间是否合拍的最好方式就是一起出去旅行。在等车、吃饭、买票等各种细节中，原本隐藏的矛盾就会一览无余。亲身经历证明，此理也适用于母女之间。

有的矛盾是因为年龄，我热衷于自助游，总是在各种交通工具之间倒腾，但妈妈走不动；有的是因为兴趣，当我在那里感叹"两岸青山相对出"时，妈妈正在专心研究山上那棵树长的是橘子还是橙子，两人话不投机；还有的矛盾是因为生活方式，当我带着妈妈穿行于一条灯红酒绿的酒吧街时，那些忙着揽客的服务生，自动就把我忽略了。

磕磕绊绊不断，加上两个人又连续一个星期形影不离，即便没啥大事，积聚的矛盾也有火山爆发的时候。一次在阳朔西街街头，我俩走了好大一圈也没找着合意的饭馆。终于，妈妈怒了："我就知道你想去酒吧！不让我吃饭！我回旅馆吃饼干了！"这这这，从何说起？可联想是她一贯的思维方式，我也无能为力。

不过，我已不是当年的懵懂少年，目送妈妈回旅馆后，我一个人冷静下来，开始善后。我先和爸爸用短信远程交流了一下妈妈的性格，然后得出结论，"得哄"。于是，我在外面转悠了几个小时，估计她气消得差不多之后，再回去死皮赖脸地甜言蜜语几句，给她个台阶下，她也就释然了，所谓的刀子嘴豆腐心，天下妈妈都一样。

之后的日子里，我秉承两个凡是——凡是要做选择时，我说清楚状况，由妈妈来决定；凡是发生矛盾的，参见第一条。因为我认识到了自己关键性的错误：我是带着妈妈出来玩的，让她开心才是最重要的目标，怎可本末倒置？我少看一个山头、少过一天夜生活，无伤大雅。何况，妈妈是个聪明人（我的高智商据说来源于母亲），她只是有时候控制不住自己罢了。

旅程结束，在机场依依惜别时，妈妈突然说："你下次还会带我出来玩的吧？"语气就如同20多年前，3岁的我拉着妈妈的衣角："我们明天还去儿童公园吗？"

妈妈老了，而我长大了。"我是为你好"这句话，大概也将成为我对待父母的座右铭。至于那些鸡毛蒜皮的矛盾，我念了18年书如果还解决不了，那才真对不起我这遗传自妈妈的智商啊！

那些没有像样外套的冬天，是怎么过来的

□闫 晗

> 我16岁的夏天穿过的短袖上衣，在30岁时的某天翻了出来，头脑一热穿去上班。

有个段子说，天气越来越冷了，女生是时候给男朋友买件外套了，而男生也是时候给女朋友买：毛衣秋衣大风衣，秋裤绒裤打底裤，筒袜丝袜连裤袜，衬衫毛衫针织衫，绒鞋皮鞋休闲鞋，提包挎包单肩包，靴子帽子小棉袄，唇膏手套暖宝宝……

笑罢，突然回想起从前那些连件像样的外套都没有的冬天。

整日穿着校服的中学时代，宽大的运动服和袖口磨得发亮的藏蓝色制服轮换着穿。总有些不甘心的女生在午休时脱下校服，露出穿在里面的时髦内搭。而我一般是循规蹈矩的，因为没什么值得展示的得体衣服，所以当天气变冷，校服外面需要一件外套的时候，就现出窘迫来。

印象中，我经常穿我妈妈的一件深褐色风衣，上面有花豹式的斑纹，脏了也不太看得出来。我爸厂里发了一件藏蓝色牛仔布工作服，我试了试，觉得挺酷，就随随便便穿着去了学校。课间，班主任站在我跟前，用不可思议的眼光打量着我，问："你衣服上写的什么字？"我若无其事地念给她听："某某市锻压机床厂。"

多年后，回想起她的眼神，觉得那里面充满同情——15岁的小姑娘，为啥要穿得像旧版1元人民币上的女拖拉机手？

跟我要好的女生穿着一件绣着白色小花的大衣，虽然她也并不满意，自嘲说"像洒满了鸟屎"，但我还是很羡慕——那是她妈妈专门给她买的，少女感十足！

邻桌的男生穿着棕色灯芯绒外套，有黑色的毛领子，那衣服并不好看，甚至可以称得上老气，可在他身上像有了魔力似的，焕发出不一样的光彩。每天课间

跑操的时候，他会把外套放在课桌上，我总想去摸一下，可那个冬天过去了，我也没有真的摸过，有一种奇妙的心理在抑制着我采取行动。

高中时早上5点多就要出门，冬天需要厚一些的外套。姨妈把表姐的两件旧衣服送给了我，一件墨绿色有帽子的，只有两粒扣子，胸前领口裂得太大，骑车灌风，但颜色式样还算适合学生；另一件是长长的呢大衣，款式挺利落，可惜是生牛肉的颜色，纽扣是20世纪80年代流行的有机玻璃扣，昭示着这件衣服的主人不可能是我。

有一天，我有些忐忑地穿着牛肉色呢子大衣，推着自行车在校园里走。偏偏遇到从前坐我邻桌的那个男生。他仿佛不认识似的，从上到下打量着我，看得我有些不自在。半天，他笑着开了口："你今天穿得这么……好看。"

我顿时对他充满感激。事实上，长款修身大衣很衬宽肩的我，可惜我当年并没有这个觉悟，更重要的是，我妈也没有，也就任由我胡乱往身上穿。我妈后来终于觉得有必要给我买新棉衣了，就从小市场买回一件鼓鼓囊囊的灰色大棉袄。我一度觉得挺不错，穿在身上也很暖和。

直到过年的时候，表哥嘲笑我怎么长得这么粗壮，简直跟我姑姑一个模样。我这才意识到穿得太臃肿，配上个圆脸让人直接脑补出一个大胖子来。

我妈朴素的消费观认为小孩子还在长身体，没必要买太多衣服，有一件穿就行了。一定要买的话，最好要大一些，反正大小都一个价，还能多穿几年。

她如此深谋远虑，以至于现在的我看见自己初中时穿着灰褐色西装的照片，觉得像个老电影中的妇女干部。

我16岁的夏天穿过的短袖上衣，在30岁的某天翻了出来，头脑一热穿去上班。有同事说："你怎么穿得这么老气……"

我笑了半天，笑得难以自抑。

"现在的年轻人啊"

□ 曾 旻

> 人们内心感受的同理很难完全实现，但身体反应的感同身受却容易模拟。

"现在的年轻人啊，就是矫情。想当年……"得知女儿被诊断为抑郁症之后，P的母亲在咨询室里开始了这样的评述。P坐在最角落的位置，低着头，似乎要把头缩进胸口里，像鸵鸟一样，躲避房间里正在发生的一切。

咨询师转向P，询问她对于母亲的评论有什么感受。P没有任何回应。母亲有些恼火："心理医生问你话呢，你不说话，人家怎么知道你什么情况呢？"

不等P抬起头回应这个复杂的情况，这位母亲就转向咨询师，开始滔滔不绝地描述起她眼里女儿的问题。"就是想太多，天天想些有的没的，也不知道好好学习……"若不是咨询师打断，这位母亲似乎可以讲述50分钟。咨询师坚持问P："刚才这些，都是你妈妈的描述，我更想了解你对这些是什么感受。"

或许被咨询师执着的关注打动，P小心翼翼地抬起一点点头，看着咨询师脚下的地板，开始分享她眼中的世界："我感觉有些头晕目眩，恶心、想吐，觉得自己被扔到虚无里去了。"

"现在吗？""嗯，还有每次我妈说我的时候。"

听到这里，这位母亲一脸震惊，她感觉自己为女儿付出了很多、牺牲了很多，总想要把最好的给她，没想到她竟然觉得，这反而是她情绪的负担。

"看起来，你很惊讶，没有想过女儿会有这样的感受。"

咨询师朝向震惊不已的母亲。

P的母亲陷入了左右为难的挣扎中，想要否认这一切，保护自己既定的世界观；而对女儿的极度关心，又驱使她想要重新认识女儿，这无疑会打碎她原有的信念。

"你愿意尝试理解一下你的女儿吗？"看出母亲有一丝犹豫，咨询师主动发起邀请。

母亲半信半疑地点点头，说："想是想的，可是她从来不和我说心里话，我也不知道怎么去理解她。"

咨询师说道："刚才你女儿说，她感觉头晕目眩，恶心、想吐。我们不妨从这种感受开始。理解别人最好的一种方式，就是去体会那种感受。我们不妨做个练习，你感受一下……"

在咨询师的邀请下，P的母亲站起来，在房间中央开始原地转圈，连续十几圈后，她站立不稳，一下倒在地上。

当母亲慢慢挪回到沙发上，咨询师问她："你现在能够感受到头晕目眩，恶心、想吐了吗？"

P的母亲捂着头，靠在沙发边缘，轻轻地回应："好难受。女儿，你也是这种感觉吗？"P抚摸着母亲的背，默默地流泪。

随着母亲渐渐恢复，她们开始了真正的交流。

抑郁症似乎成了21世纪的"时代病"，这种新病种的突然暴发，让年轻人用它来标榜自己，中年人却极力否认它的存在。

这两种截然相反的态度拉扯，形成了巨大的张力，构成这个社会对抑郁症的矛盾心态。

一方面，人们拥抱它，用它来代替我们无法表达的愤怒、恐惧和难以言表的复杂情感；另一方面，人们拒绝它，否认它，认为它不过是懒、拖延、不负责任的另一种说法。

这种矛盾心态是过去抑郁症科普的完全空白，和近10年来抑郁症科普的野蛮生长，造成的代际鸿沟。

越来越多的年轻人意识到，抑郁症不是简单的心情糟糕，不是内心脆弱，它某种程度上是一种身体疾病，有明确的生理影响因素。人们内心感受的同理很难完全实现，但身体反应的感同身受却容易模拟。于是，让人们真实地体会一下头晕目眩、精力抽空，哪怕是短暂的一小会儿，也能多少填补一点儿这鸿沟，让否认和拒绝抑郁症存在的人们，真正体验到，抑郁的感受可能真实存在。

那些年，我们一起写过的小说

□明前茶

> 写小说就是这样一个缝隙，它栽培的都是看不见的东西。好奇心，韧性，幽默感，苦中作乐的能力，还有狂野的想象力。

毕业30周年之际，高中同学建了一个微信群，以供联络之用。彼时儿女皆已去上大学，大家都成了空巢中年，翻出十七八岁的趣事来看，真的别有一番趣味。在晒出一大堆野炊、郊游、运动会的合影后，班长晒出了他用一整卷黑白胶卷拍出的影像——每张照片呈四方形排列着4张稿纸，37张照片一共拍了148张稿纸。

这是什么？微信群里一片激动的"嗷嗷"声——原来，这是30年前我们高三（1）班全体同学接龙写作的小说原稿！

要知道，我们可是一个理科班，班主任是数学老师。当语文老师别出心裁要在班里放一沓稿纸，让"有兴趣的同学自由写作"时，数学老师竟然没有提出反对意见。不仅如此，他还以遒劲的钢笔字，在首页写下了整个故事的开头：

"公元835年，长安，郊野上出现了一个骑毛驴戴斗笠的人，晶莹的雨珠正在他的斗笠与蓑衣上舞蹈，绵延不绝的湿气令他的衣色更深了一些。就在大家窃窃低语，猜测他是谁时，有一道闪电般的眼风已经瞬间掠过所有人的脸，迅速隐没在斗笠的帽檐后。"

能够想象这是数学老师写出的小说开头吗？时间设置在晚唐，悬疑、武侠、志怪、谍战，种种悬念已经在这百来字的开头中点出，并与广阔的时空紧密勾连。这就如一团乱麻中抽出了一个线头，让有志于理出头绪来编织整个故事的人欲罢不能。没错，我们那个时代的高中老师都是理想主义者，物理老师看得懂日语期刊，地理老师能画精细的博物标本，政治老师写得一手可以参展的书法，都不是什么奇事。数学老师既然已经布下迷局，那就要看谁能在余下的篇章里解谜，或者布下更大的迷局了。

感谢你，盛装莅临我的成长

用接龙的方式写作，是一件十分有趣的事。记得那时为了有时间写作，有的人5:30就起床，赶在早自习之前翻窗进入教室，奋笔疾书；有的人在晚自习之后特意找劳动委员要钥匙，就为了打扫完卫生可以续写接龙小说。依照数学老师定下的基调，小说基本上写成了章回话本形式，于是，有人贡献故事，有人贡献人物的精细描摹，有人贡献每个章节开头结尾的打油诗。大家都没有学过诗词的平仄韵律，但这又有什么关系呢？我们总是在无意中踩中了韵脚，又得意地指引了故事下一步的发展方向。

在一天要刷五套试卷的高三，鼓励全班来写这东西有啥用呢？老实说，并没有什么用。当时的高考作文考的都是"达·芬奇画蛋""挖了三五口井都没出水"这样的材料作文，它需要鸡汤哲理，需要严丝密合的论述，需要揣度命题人的微言大义。写小说，除了对想象力与语言本身有所锤炼，对应试，助益并不大。

然而，我们还是兴致勃勃地写下去了。我们这帮学子，为何没有在密集的刷题与应试中垮掉，没有在每个月都排名上榜的竞争强度下变得歇斯底里，有可能，就是有人在这种密度很大的压抑生活中，帮我们凿开了一个自由的缝隙，在这里，我们可以见到清澈的天光，闻见唐朝的墨香。

写小说就是这样一个缝隙，它栽培的都是看不见的东西。好奇心，韧性，幽默感，苦中作乐的能力，还有狂野的想象力。这些东西像竹筏一样，送我们蹚过高考这一年的激流险滩。

说一句题外话，当年的高考黑马，我们班考到第一名的男生，平时所有的模拟考，都只在班级十名左右。那一年，他就是接龙小说最积极的写手，几乎每周都要花两三个小时，满足一下粉丝们"后来如何"的心愿。他考上了北大。而我，早就不记得他的考分了，但对他留下的纯蓝色墨水笔迹，依旧记忆犹新。

收到的爱乘以10，付出的爱除以10

□辉姑娘

> 爱，可以不回报，不可不知道。

童话中的小美人鱼，为了与王子相见，失去最美的声音，忍着步步剧痛，将鱼尾换成人腿，来到他的世界。最后依然无法将爱说出口，眼睁睁看着王子与公主结为连理，却也不忍伤害爱人，纵身一跃，化为海中洁白的泡沫。

安徒生多么残忍，自始至终，王子都不知道小美人鱼内心的真实感情。这沉重的爱，让一个女孩子倾尽所有，相付今生。

往往最痛的，不是"不爱"，而是"不晓"。

我们收到一份爱，再回以一份辜负，以为两不相欠，不过如此。

却不知爱之深不可测，无人知晓"背后的故事"，才用简单的推搪或敷衍，草草了却这份心意。

一封信也许写了改改了写，字斟句酌，写到潸然泪下。一句话也许思前想后，战战兢兢，鼓足勇气才敢开口。一个拥抱也许包含了太多太多的感情，无法用言语倾诉，只好使用最简单的肢体语言，只盼对方可以了解，可以感受。

把爱捧到我们面前的那个人，也许并不止于表象的一切。

他花费了10倍的时间与心思，只为博君一笑，哪怕这份爱非你所愿，也请欣然笑纳，亦当为这份爱敞开10倍的心怀来包容，才不至于狠狠辜负那份你永不知道的付出。

收到爱的时候，把爱乘以10，你会更加将心比心。付出爱的时候，把爱除以10，你不会太伤感失落。

爱，可以不回报，不可不知道。

「不期而遇，世界与我深情相拥」

也许，旅途的意义就在于
一边错过，一边拾获。
穿越荆棘，
会寻找到更美的风景。

一只猫咪的花式送礼

□疏影清浅

> 有猫敲窗,是我每天晚上的期待,一打开窗,凛冽的寒风夹枪带棍地冲进来,那猫灵巧地一纵身,稳稳地落在我的桌面上,惬意地舔舔爪。

前段时间看到一组照片,非常感动。说一个女孩搬到了一个新的地点,邻居的狸花猫经常过来拜访,向她索要食物还求抚摸。

一天早晨,她看到了门口一地的花朵,心里想,肯定是风刮来的吧。没想到,一次她看到那只猫口里衔着一朵花,到她家门口放下,转身走了,过了一会儿,又叼来一朵花,继续放在她家门口。我看到这里,暖到心窝里,同时责备自家的猫怎么不会有这种雅兴。女儿说,咱家的猫是家猫,又不是野猫,它根本没机会出门浪,怎么会给你带东西?这是用脚爪子也能想明白的事。

宫崎骏有一部动画叫《猫的报恩》,女儿执着地将这部片子看了十几遍。那是一部很治愈的片子,一如宫崎骏的风格,温暖怀旧。动画片里的猫男爵和小春姑娘一起跳舞的情节,总是萦绕不去。

小时候我养过一只狸猫,很野的那种,它只有吃饭睡觉才回家,其他的时间都在外头浪。它不走寻常路,经常从我书桌前的那扇窗户进出。夏天它出入自由,因为纱窗被它抠了个洞,就从小洞里出来进去畅通无阻。冬天可就惨了,每天傍晚时分,它把鼻子贴在玻璃上,渴望着我给它打开窗户。那委屈的小脸蛋,和被玻璃挤得扁扁的鼻子,总让我忍俊不禁,给我繁重的学业带来了无比的乐趣。有猫敲窗,是我每天晚上的期待,一打开窗,凛冽的寒风夹枪带棍地冲进来,那猫灵巧地一纵身,稳稳地落在我的桌面上,惬意地舔舔爪。

它经常会给我带来一些小礼物。有一次,它叼着一只被它咬得烂乎乎的老鼠,放在我跟前,吓得我直接从凳子上跳了起来,吱哇乱叫。有时候带来一只扑棱着翅膀的麻雀,麻雀在地上垂死挣扎,它用小爪将麻雀拨过来又拨过去,很傲娇地看着我：瞧！我给你带回来的好东西。

女儿说她同学家养的猫更绝，准确地说并非原住猫，是一只野公猫被他们家收留。他们家住在二层，那猫仿佛武林高手般飞檐走壁，顺着雨水管爬到二楼的防护栏，破窗而入。这只猫，是个送礼的高手。它经常带回自己的女朋友，并且经常换，有各种花色的小母猫。有一次猫叼着一只白鸡回来，是一只半大的小母鸡，刚长出翅膀上的硬羽，在猫食盆里混吃混喝，居然还长大了，下了几颗鸡蛋。这只猫对带翅膀的东西充满了谜之兴趣。有一次，它带回来一只鹦鹉。鹦鹉是那种普通的虎皮鹦鹉，不知是从哪个笼里逃出来，被猫擒获。猫不知是怎样叼着它爬上了二楼的，这只鹦鹉命大得很，被猫这样叼着，居然全须全尾，一点儿也没有受伤。鹦鹉进得门来比猫还大爷，直接站在猫食盆里吃猫粮。猫很得意地站在一边，乐滋滋看这只鹦鹉分享它的食物。鹦鹉被这只猫宠着，渐渐成了猫的主子，经常站在猫头上拉屎，猫侧卧着眯着眼睛，很享受这个过程。

同事说他家住在八层的邻居，收养了一只流浪猫。那只黄色的橘猫非常聪明和神奇。它居然会乘坐电梯，如果电梯没停到八楼，它不下来，直到八楼的电梯门打开。每天出出进进，像人一样，早出晚归。虽然是野猫，但它更愿意陪伴主人，不抗拒遛猫绳的束缚，跟着主人遛弯儿，成为住宅小区里一道最有趣的风景。有谁见过猫像狗一样乖乖跟随着主人？光是这种艳羡，就是猫咪送的一份重重的厚礼。

送别了2125只小动物，我开始理解死亡

□赖祐萱

> 我会给我遇到的小动物们编号，现在，已经有2125只小动物有了自己的编号。

因为想给自己那只已经老去的宠物狗小Q一个温暖的归宿，北京女孩吴彤开始设计宠物墓碑和骨灰盒。此后，她用自己的设计送别了2125只小动物。这2125场送别不仅让吴彤收获了很多温暖又可爱的瞬间，也让她学会理解死亡。

Q星球

在遇到小Q之前，我没想过养狗。当时，朋友家的狗下了一窝小可卡，就给了我一只。随着时间推移和情感的加深，它慢慢走进我心里，就像我的妹妹，我的家人。3年前，小Q9岁了，开始步入老年。这让我焦虑，特别害怕它死，总在想它死了以后怎么办？它很宅，所以我不想把它埋在外面，想等它死了之后火化，然后把它的骨灰带回家。所以我就在琢磨，要给它用一个什么样的骨灰盒，它应该有一个属于自己的小盒子，一个烛火长明的墓碑。

我是一个很喜欢看墓地的人。有一次去大阪旅游，一个墓地给我留下的印象极深。大阪人特别喜欢运动，墓碑上自然有许多运动项目的图案，棒球、乒乓球、高尔夫、足球、滑雪、网球、篮球、保龄球……有的墓碑上刻着逝者生前的不同嗜好，一把理发的剪刀，一支蘸着墨水的钢笔，一对翩然起舞的男女，一个空白画板和调色盘，一辆樱花道上的汽车，一扎冒着啤酒花的生啤，甚至还有一个熨斗……看着这些墓碑，就像看电影一样，回顾了这些人的一生，他们的喜好，他们的经历，他们的故事。其实，墓碑和骨灰盒就像个句号，接住了每个生命最终的时刻，我也希望小Q有一个温暖的归宿。

有了这个想法之后，我便开始自己设计。我选择用木头做骨灰盒和墓碑的原

料，因为木器是有生命的，虽然它已经被砍下，停止生长了，等于死亡了，但它还可以自由呼吸，色泽、触感会随着时间发生变化。木头有残缺，甚至有虫眼儿，那都是它成长的痕迹，是生命存在过的证明。它们有温度，有纹理，更像我们的身体。我没有选择传统的红木，太沉重压抑，而是用了樱桃木、枫木、黑胡桃木三种木材。

最终的打样是一栋小房子。我把小Q刻在了盒子上，还刻上了它的生日，死亡日期那里是一个莫比乌斯环，代表无限循环，祈盼来生不死。小房子上面有烟囱，烟囱那儿可以插试管，放点儿水，插一些鲜花。

在这之后，我就开始做一些宠物骨灰盒和墓碑的设计。因为小Q，我给我的品牌起名叫Q-planet（Q星球），是小动物们离开之后可能回去的一个星球。我一直相信这些生命离开后会去一个我们不知道的地方，以另外一种形式存在。它们死后，一定会是一段全新的旅程。

深情又可爱

我会给我遇到的小动物们编号，现在，已经有2125只小动物有了自己的编号。

知道我在做这件事情之后，朋友们会担心，你每天都接触这样的事，会不会特别丧？其实并没有，反而有很多深情又可爱的时刻。

编号187，是一只叫小白白的流浪猫。主人要为它刻上两只黑虎虾，因为它生前最爱吃。主人还特意叮嘱我，要刻在盒子里，因为他不想被别的猫咪看见，那是小白白独享的。

我做过最有美感的墓碑，是一个没有照片的墓碑。那只猫的主人想在墓碑上刻一个大写的"Y"，边上有颗小星星，下面还写了坐标。后来，那个主人告诉我，"Y"是他们家乡的小河，星星是埋他们家猫的地点。我还做过一个礼物盒模样的骨灰盒，主人希望告诉小动物，你是我生命里最美好的礼物。

人和宠物的关系确实长久，一旦喜欢上了便一直喜欢，不会因为吵架就分开，也不用去刻意社交。你付出了一点儿金钱，付出了一点儿时间，付出了一些情感，却换来了另一个生命对你毫无保留的信任、依恋、需要和回报。

最后的事

传统意义上，人们都觉得动物死后应该回归大地，有些人会开车去郊区，找个风景秀丽的地方直接把尸体埋了。实际上，动物死后不应该随意掩埋，都得经过无害化尸体处理，最好的选择就是火化。坚持土葬不是不可以，但必须挖1.5米以上的坑进行深埋。尤其是生过病的小动物，尸体必须撒石灰、浇消毒液，才能完全隔绝病菌的传播和滋生。就算深埋，尸体的病毒和病菌也会对水源、土壤等造成很大的污染破坏。

但在国内，很多主人想要选择宠物火化，却找不到专业的火化场所。编号145，是一只叫Cupid的猫咪，因为得了猫瘟去世。主人希望能够火化留下骨灰，但医院回答当地没有专门的宠物火化设备，只能把Cupid当医疗废品烧掉，更不可能留下骨灰。没能留下宠物的骨灰，成为主人永远的遗憾。

除了尸体的无害化处理，还有宠物的临终关怀。

现在选择让宠物做安乐死的主人越来越多，他们希望停止病痛对宠物的折磨。但临终的疼痛不是一剂注射液就能缓解的，而是宠物临终的时候，主人真正的关怀。我希望主人们能收起自己的软弱，当它们快要离去的时候，把宠物抱在怀里，安抚它，给它最后的力量。让它们知道，"我在这儿，别怕"。

"宠物离世后两个小时左右身体会开始僵硬，在那之前你需要轻柔地抚摸它，帮助它达到最放松的状态。用温热的毛巾或纱布擦拭全身，身下铺好一层柔软的布。把它放在最安心的房间角落，摆上它喜欢的玩具、零食、鲜花。最后一刻，请陪伴它。"

这都是我在日本一家网站看到的关于动物临终关怀的知识，我借助翻译器翻译好，放在了公众号上，取名"最后的事"。

论及生死，愿我们从容

最初做墓碑时，很多人发来的文字都是表达自己忏悔的，有的因为宠物生病没治好，有的觉得没有足够时间陪伴宠物，有的觉得在宠物生前不够重视它，也有好多遛狗不拴绳出车祸撞死的。看到这些，我其实是很生气的。我不希望他们来买我的墓碑是为了疏解自己心中的悔恨。

在我看来，这些话没有什么意义。死后过多地表达忏悔与难过，肯定是生前有太多的不该与遗憾。

我特别不喜欢每逢清明、鬼节，都要全家出动，带着纸钱贡品去大老远祭拜先祖。纪念故人应该是更日常化的事情，如果真是你心里所爱的人，你可以随时随地、每时每刻去怀念他。

死亡并不意味着永远消失，曾经牵连彼此的信号还会就此延续下去。最近，有一句话常被客人选择刻在小动物的墓碑上："谢谢你用一生陪我长大。辛苦了，再会。"

日本人的家庭观

□徐静波

> 一个人的一生不能依靠索取获得所有，必须通过自己的艰苦努力才能拥有一切。

日本人的家庭，属于一种"相互依存关系"。在日本，养孩子是父母亲自己的事，不是上一代人的事。所以，许多公司白领在结婚后，要么推迟生孩子，要么生了孩子立即辞职，所以日本社会有许多专职家庭主妇。

日本人也有望子成龙的思想，但是不会刻意地去要求孩子一定要出人头地。日本的教育不是竞争教育，幼儿园没有小红花，中小学没有名次榜。

在东京等一些大城市，除了一些明星子女和富家子弟，绝大多数孩子都在附近的公立学校上学。日本也有一年一度的全国统一考试，类似于中国的高考，但在高考的日子里，很少有父母在校门外陪考，都是孩子自己坐电车或者骑自行车去参加考试。

大学毕业后找工作也是孩子们自己的事，无论招公务员还是企业招员工，一旦出现因人设考的问题，那会成为一大社会丑闻。

日本也有许多大龄未婚男女，孩子们的婚姻问题也是令许多父母亲操心的问题。但是，日本会有年轻人自己搞的相亲会，或者找婚姻介绍所，没有父母亲替孩子相亲的相亲会。

在日本，孩子结婚也不需要父母亲准备房子。东京都大学生生活协会做过一项调查，二三十岁年轻人结婚，租房子结婚的比例高达85%，还有10%是在单位宿舍里居住或者与父母同住，只有5%的人买房结婚。孩子结婚时，婚房不是双方父母亲必须考虑的问题。孩子有多少收入，就租什么档次的房子，量力而行。

所以，日本人的家庭关系，有两个"清清楚楚"，第一个清清楚楚是钱，第二个清清楚楚是时间。父母亲的钱是父母亲的钱，孩子的钱是孩子的钱。如果孩子想用父母亲的钱，那得写借条立字据。

日本法律规定，只要是用于孩子教育的钱，用多少都不征税。但是如果孩子成年后，父母与孩子之间产生的大额金钱关系，必须向税务局说清楚，不然就有麻烦。

时间上的清清楚楚，一个最大的标志，就是父母有自己的生活时刻表，孩子不占用父母太多的时间。譬如，在日本，很少发现有老人接送孩子，基本上都是妈妈接送。

日本人家庭的这种清清楚楚，看起来使得父母与孩子之间的关系变得客客气气，没有像我们中国人家庭那样缠在一起的亲密。但是，这种客气并没有让日本父母与孩子之间的感情变得冷漠。

总体来说，孩子在成人之前，日本的父母亲啥都要管，甚至妈妈都要辞职回家当家庭主妇，专门养育孩子。但是孩子成人之后，父母会对孩子放手。如果成年男子还与父母一起生活，反而会被邻居们认为不可思议。

成年以后的孩子，如果在外地工作，一年至少有两个假期可以回家看望父母，一次是新年期间，还有一次是8月中旬，也就是盂兰盆节，类似于中国的清明节。有一个星期的假期，可以回老家祭祖，与亲人团圆。

日本一年还有四个孝敬父母的节日。母亲节、父亲节、7月份的中元时节、12月的岁末时节，遇到这四个节日，孩子们都会送一点儿礼物孝敬父母。而父母亲也常常会寄一些孩子喜欢吃的家乡特产给远在外地的子女。

日本物流十分发达，不少母亲常常会做一些孩子爱吃的饭菜，委托物流公司保鲜送给在外地读书、工作、生活的孩子们品尝。

每一个国家的家庭关系，都会受到社会历史和文化背景，甚至地理环境的影响，都有其存在的合理性。只是对于年轻人，多数日本人有这样一个观点：年轻人不能总躲在父母的"大树"底下，靠转嫁自己的生活压力来获取幸福，必须自己去奋斗、去努力，只有这样，你才能知道，一个人的一生不能依靠索取获得所有，必须通过自己的艰苦努力才能拥有一切。

和一只鸟儿冰释前嫌

□朱永波

> 我和这只伯劳冰释前嫌,只是作为主人,我对我的鸟儿没有尽到责任,我应该自责。

孩子喜欢鸟儿,我便买了一对珍珠鸟。

珍珠鸟的新家是一个铁丝制成的鸟笼,里面挂了一只网购的草窝。栖杆是我特意在一家果园找到的,呈S形,放在鸟笼里充满野趣。

每天早晨,我总是被这对鸟儿轻柔的叫声唤醒,然后起床,洗漱,加谷子,换水,最后出门上班。到了周末,则进行一场大扫除,清理鸟笼底部的脏物。鸟儿怕人,我便尽量不惊扰它们,把它们放在阳台的一个墙角,外围放上几盆茂盛的吊兰和绿萝,让它们在这隐秘的角落里自由自在地生活。

鸟儿仿佛是懂得人的情意的,一段时间后,它们胆子大了起来,我添食加水也不再躲闪,还会主动跳到我伸进食槽的勺子上啄食。再后来,我手里放了一些谷子,试探性地伸进鸟笼,它们居然跳到我的手心啄食。被信任的感觉真好!

这样又过了几个月,有一天我突然发现,扔进鸟笼的菜叶子只要一干,珍珠鸟便会把干叶子衔进草窝。这是什么情况呢?我突然一拍脑门,该不会是鸟儿要生鸟宝宝了?为了验证我的猜测,我特意和女儿在郊外捡了一些枯草。

我没有把枯草直接塞进草窝里,而是放在了鸟笼底部,这样鸟儿也有自由选择的空间,总不能强制给别人家里乱塞东西吧!结果如我所料,这对夫妻发现了枯草后如获至宝,先是兴奋地跳在干草上啄食残存的草籽,啄了一会儿便衔起枯草飞进草窝。就这样,它们进进出出忙碌了一整天,把那些枯草全部衔进了草窝,而且为了让草窝更隐蔽,它们还用那细细的草枝在草窝顶部搭了一个蓬松的盖子!

接下来几天,母鸟便开始趴在鸟窝里一动不动了,它是在产卵。又过了几天,我便看到夫妻俩开始轮流孵卵了。为了尽量减少干扰,我一次加的食量和水量都增倍了，给鸟笼周围又放了一些吊兰，它们已经被绿色包围了。

十几天后，绿荫环绕中传来一声稚嫩的吱吱声，接着是越来越多的吱吱声，我终于忍不住好奇的心去偷窥了一眼鸟儿们的私宅：乖乖，有5只闭着眼睛浑身黑透的鸟宝宝，那种黑，比墨汁还更胜一筹。真想不到，珍珠鸟刚出生和长大后的颜值差别这么大！

一晃两个月过去了，5只鸟宝宝脱胎换骨，它们已经和父母没什么区别了。一个个精神抖擞，充满朝气，犹如刚从集训营里出来的新兵，跳出草窝站在鸟笼的栖杆上，眼里充满对未来的自信。我高兴地想，照这样的繁殖速度，一年后这个鸟笼应该装不下了。

也许是这群小鸟宝宝是在这个新家出生的，它们和我的亲近感要远远胜于鸟爸鸟妈，我也常常故意把鸟笼打开，让它们出来玩耍，它们会飞出鸟笼，在阳台的晾衣杆上蹦蹦跳跳，胆大的还会飞到我的肩膀上。我着实和它们产生了感情。

有一次，我从室外回来，感觉家里的空气不是很好，突然想到鸟儿也应该呼吸点新鲜空气，于是我灵机一动，将鸟笼放在窗外空调的外机上。二十多层楼的高度，阳光灿烂，空气流动性好，鸟儿欢快地在它们的私宅鸣叫。看到鸟儿这么欢快，接下来几天我每天早上都会把鸟笼放在外机上，晚上下班收回。

然而，平静的日子很快被打破了：有一天下班我去收鸟笼，惊讶地发现鸟笼里只剩下3只鸟了，其他4只不翼而飞，而且都是新出生的鸟！我一下子慌了神，鸟笼难道有大的缝隙，鸟儿能逃出去？我立即检查了鸟笼，但是找不到任何缝隙。那么，会不会被猫啊鼠啊吃掉了？但是二十多层高的位置不可能有这些动物上来，而且它们也进不了鸟笼！问家人，也没人能说出个所以然来。我百思不得其解。

我再也不敢把鸟笼放空调外机上了，又把它们放回原处，但是看到形影相吊的3只鸟我就会悲伤。好吧，我就当它们是逃出鸟笼，追求属于自己的自由去了。有些鸟，注定是笼子关不住的，我这样安慰自己。但是笼养的鸟儿没有野外生存能力，它们即使跑出去了，也会九死一生，我非常担忧。小区的西边不远就是公园，林木茂密，我权当那些鸟儿进了那片林子，我祈祷它们能适应那里的环境。我也时不时会去那片林子往树上瞅瞅，期待能看到我的那些珍珠鸟。

有一日，我看到公园里有一群老大爷提着鸟笼遛鸟，我谦卑地向他们打听有没有在这片林子看到野生的珍珠鸟，那群老大爷听完我的叙述，一个个面面相觑。片刻后，一个大爷终于忍不住说："小伙子，别找了，你的鸟被鸟狼，也就是学名叫伯劳的一种小型猛禽吃了，那是养鸟人最怕的一种鸟。别难过，下次小心点儿！"听了大爷的话，我瞠目结舌，怎么可能呢？伯劳是什么鸟？在高楼林立的城市里还有这种鸟？它再厉害能钻进鸟笼？见我不信，大爷又说："你不信可以去你的空调外机旁仔细检查下有没有血迹，也可以在网上查查这种鸟。"

我果然在空调外机旁的护栏下面看到了血迹，那深黑色的血迹黏着几片羽毛在风中摇摆着，似乎在向我诉说着不幸。在网上，我也看到了一段关于伯劳袭击笼中鸟的描述：它们先是用翅膀故意拍打鸟笼，让笼子里的鸟惊慌失措乱飞，然后爪子伸进鸟笼，伺机抓住乱飞的鸟。当有鸟被折腾得精疲力竭或者被吓得呆若木鸡，伯劳便伸进利爪，把里面的鸟撕成碎片拉出来吃了。

那一刻，我气得哆嗦，这是多么残忍的手法啊！我仿佛看到了伯劳在鸟笼外恶犬扑食般对珍珠鸟百般恐吓，以及笼子里珍珠鸟的惊慌失措，仿佛听到了我的鸟儿们悲惨的叫声。那一刻，它们该是多么惊恐、多么绝望啊！想到这里，我又是多么希望我的鸟儿是真的逃出去了，去了那片树林，即使挨饿也行。

如果不是亲身经历，我哪里知道自然中还存在这么一种恶鸟，我恨不得立即把那只害鸟捉来报仇。那么这只害鸟还会不会再来？我感觉尝到甜头的那只害鸟肯定会再来的。为了验证这个猜测，我想到了一个冒险的办法：在某天早晨又把鸟笼放到空调外机上，我则躲在窗户后面观察。果不其然，半个小时左右，一只鬼魅般的野鸟便从窗前闪过，我突然打开窗户，一只鸟从离窗户不远处的墙沿上嗖地飞了出去，我看清楚了，真的是只伯劳，和我在网上看到的照片一模一样！

果然贼心不死，是时候复仇了。我在网上查了怎样捉到这种害鸟的方法，按照介绍，在花鸟市场买了一种叫踏笼的诱捕笼，里面放了一块肉作为诱饵，静待这只害鸟上钩。第一天没有收获，第二天还是没有收获，正当我以为没了希望时，第四天下起了大雨，或许是这只鸟觅不到食物，实在无法抵御笼子里的诱惑，居然进了笼子，就这样它被抓住了。看到笼子里这只黑白相间惊慌失措的害鸟，我有说不出的快感，我该用何种手段处决这只害鸟呢？我给它设想了N种死法。

我首先想到的是这种鸟也应该被别的动物吃掉，因为它生性残忍，也应该尝尝被吃的滋味。我问了养猫的朋友，可不可以让他家的猫把这只伯劳消灭了，朋友说家养的宠物猫已经失去了野性，不见得对伯劳感兴趣，他们家的鹦鹉和猫就是和平相处的；我又问了养狗的朋友，他们说狗倒是有可能消灭掉这只鸟，但是他们担心会给狗养成坏习惯，以后见了鸟儿就想吃掉。朋友不解地问我，为何非要将其置于死地呢？

我对朋友说，是因为它吃了我4只可爱的珍珠鸟，而且手段极其残忍，所以它是应该负责的。但是，那一晚上，冷静下来后，我开始扪心自问：这场灾难仅仅是因为伯劳吗？我自己有没有问题呢？

我突然领悟到，伯劳没有错，是我错了。伯劳原本就是吃肉的，在它眼里，我的珍珠鸟仅仅是食物而已。珍珠鸟被吃，不是它的问题，而是我的问题，是我的知识匮乏，没有做好防护工作，才造成目前这种局面。

我虽然很难过，甚至有些恨那只伯劳，但我还是接受了它的行为，那仅仅是它谋生的手段。如果是在野生环境下，珍珠鸟还是会被那些猛禽追逐，按照进化论，这反倒会促进珍珠鸟的种群繁衍。

一天之后，这只伯劳重获自由，我把它放飞。我和这只伯劳冰释前嫌，只是作为主人，我对我的鸟儿没有尽到责任，我感到自责。但是，这样的悲剧不会再发生了，我相信。

一辈子的客

□张君燕

> 我打量着这个本应该属于我的家，却陌生得好像到了另一个世界。

6岁之前，我没有回过家。准确地说，我没有去过那个有父母在的、被称之为"家"的地方。

我出生在那个重男轻女的时代，而且很不幸，我是家里的第二个女孩。所以一生下来，我就直接被抱到了姑妈家，甚至没有来得及看亲生父母一眼，没有到本应该属于我的家待1秒。此后，我就在姑妈家住了下来，但并没有叫姑妈为"妈妈"——父母觉得我是他们的骨肉，他们没有打算抛弃我，想等到条件合适的时候接我回去。也许他们觉得这很情深义重，甚至是一种恩赐，但在我看来，这个决定却是导致我整个童年都不快乐的原因。

我不是姑妈家的孩子，我能喊出的最亲近的称呼就是"姑妈""姑父"，而不是像表弟或者邻居家的孩子那样，理直气壮地喊"爸爸""妈妈"。父母时不时地会来看我，给我送来一些衣物和好吃的东西。表弟总是高兴得手舞足蹈，我却没有什么特别的感觉，说不上开心，也不至于难过，似乎已经习惯得麻木了，觉得这是一件和吃饭睡觉一样，很正常也很平淡的事情。

虽然我不肯承认，但在我心里，始终期盼着父母来接我回去。当然，姑妈待我很好，有时候甚至对我比对表弟还要好，但正是这一份"特殊"，会时刻提醒我，我不是这个家庭里的一分子，我是一个客人。每次父母送来东西又离开的时候，我都忍不住想，干脆他们发话说不要我了，这样我也就能拔掉心上那棵飘飘忽忽的野草，安心待在这里。

直到弟弟顺利出生，终于到了"条件合适的时候"，父母来接我回家了。尽管这个场景一直是我心里隐隐的期盼，但真到了那一天，我又有些难以适应。我打量着这个本应该属于我的家，却陌生得好像到了另一个世界，父母脸上刻意讨好的笑容也显得那么虚假和浮夸。在家里生活了大半年，我依然觉得很不适应，好在也到了上学的年龄，很多孩子恐惧的入学对我来说反而是一种解脱。

上学后，日子过得快起来。很快我就读了中学，开始住校了。每周回家一次，父母总是给我们准备很多东西，此时我和父母早就熟悉了，却一直无法像姐姐和弟弟那样，和他们亲亲热热地说话甚至打闹。——我更像是一个客人，对父母友好却又保持着一定的距离。

后来上大学、参加工作，直至结婚，我回家的次数越来越少。每次回去，父母便补偿似的越发对我好，而越是这样，越让我感觉不自在。说实话，对于父母，我是有过怨恨的，我恨他们在我最需要父母的时候不在我身边，我恨他们自私，为了自己的愿望而残忍地剥夺了我无忧无虑的童年。

那天，母亲打电话说父亲身体不舒服，想要到省城的一家医院检查，而那家医院就在我家旁边。我请了假，陪父母去医院检查，中午带他们回家吃饭。我在厨房里忙碌，母亲想要帮忙却发觉无从下手，她不知道各种食材放在哪里，不知道厨具怎样用；父亲站在客厅的沙发前，局促地搓着双手，似乎站着不是，坐着也不是。那一刻，我突然觉得很愧疚——我一直觉得自己是父母家的客人，可与此同时，父母又何尝不是我家的客人？

听过这样一句话：唯有父母对子女的爱，从不以占有和索取为目的，从不以放手和分离而消存，也从不以距离和岁月而浓淡。也许当初父母的那个决定是错误的，让我们做了彼此一辈子的客。但无论怎样，都是生我养我的父母，他们对我的爱从来不曾削减半分，反而在不断地相聚和别离中变得更加厚重、深沉。

我们对这个世界最初的试探

□程宇瀚

> 少年世界初相逢，总能迸裂出动人的火花。

1

中考完的夏天，我脱去校服，换上自己最满意的一套风衣，站在家门口对一脸惊愕的母亲说，我闯荡江湖去也。

那时，我15岁，中规中矩地过了15年，青春是一笔轻描淡写的浓缩。世界在我眼中如此迷人，是教室窗外无法企及的万家灯火，像是长久居于蛹中的蝴蝶忽然悸动，我急于探出那柔嫩的触手。

当得知这所谓的闯荡江湖，不过是在一家商场打暑假工时，母亲扑哧笑开，默许了我的心血来潮。

工资不高，作为临时售货员，我的日薪只有30元，带领我的高哥是正式工，他年龄大我一轮，而日薪仅高我5元。我们负责兜售的货品是英语学习点读机，就是电视上那种宣称哪里不会点哪里的机器。这种华而不实的学习工具非常昂贵，但在望子成龙的家长眼中，它承载着他们无处寄托的希望。

一开始，每当有看起来并不富裕的家长，在我们的忽悠下小心翼翼点出一沓钞票，让两眼闪光的孩子抱走一台点读机时，我会没来由地感到愧疚。每当这时，见怪不怪的高哥总会冷冰冰地说一句"慢慢你就习惯了"，然后把眼皮沉回手机游戏之中。

午间，我和高哥轮流有一个小时的午饭时间。我通常在商场里的面馆解决，因此不出半小时就能回柜台替换高哥，给他充足的一个半小时用于消失一段时间。有一次，家里宴请客人，我按照母亲叮嘱，回家吃饭，一通狼吞虎咽，总算是满打满算一个小时赶回了商场。

刚进门，就听见高哥刺耳的责备："今天怎么磨叽了那么久？"我蒙在原地，看着眼前我每天都谦让半小时的同事，陌生感汹涌地袭来。哪怕我是一名单纯的学生，也毫不妨碍这个喜怒无常的人，把对抗世界的精明，用在我的身上。

这份对世界最初的试探，结束于我在两周后的辞职。这是一个平淡无奇的探险故事，没有什么戏剧性的幡然醒悟，不过是在感受了何谓冷漠之后，为自己提前预习成人世界的残酷打开了一个缺口。

2

2012年6月22日深夜10点，成为无数青年的人生分水岭，在这个几家欢喜几家愁的夜晚，鲜艳刺目的高考分数，划就每个考生从今往后的人生半径。

彼时，我握着不痛不痒的分数，垂手站在窗前，看着没有悲伤的城市在夜幕之下平静如水，特别期望瑞林能即刻出现，给予我方向和力量。

我高中的学校坐落在县城城郊，每个文科班能有10人挣扎上本科线已是值得欢欣鼓舞的战绩，低矮破旧的教学楼，与我们颓然的青春形成讽刺的映衬。兵荒马乱的年月里，瑞林每天都要雷打不动地从批发市场抱回一箱零食，以略低于小卖部的价格面向全班同学出售。

瑞林的学习成绩惨不忍睹，性格比较浮躁，早已放弃了升学的打算，并一点点为自己积累提前进入大千世界的资本。终于，在攒够足额的费用后，这个少年办理了退学手续，远赴非洲投奔身为包工头的哥哥。

我既无他的鲁莽，又无他的勇气，甚至为自己的人生进行决断都显得犹豫不决。面对志愿指南里漫天缭乱的专业代号，父亲表示我已到了能为自己人生负责的年纪，便徐徐退到幕后。

这是一场艰难的战役，从来就两耳不闻窗外事，只会在试卷上选择ABCD的我，就此被推到与世界正面交锋的前线，把握自己以后的人生。这也是一段瑰丽四射、永生难忘的日子，我为自己做了性格测试，查询每个专业的就业前景，向无数长辈寻求意见，紧张中夹带着欢欣，期待十年寒窗之后更加波澜壮阔的人生。

这是一场更加激烈的人生试探。

最终敲定心仪的大学后，我特意乘车去那所校园逛了逛，想用惊鸿一瞥为最终成果摁下确定键。站在暑期宁静的湖边，我分明感觉自己的躯体、骨骼正在完成最后一次拔节生长。

3

直到现在，我都还记得刚子筹备暑期补习班时，那大步流星、踌躇满志的样子。

大一下学期，一张街头小广告引起了刚子的注意，那是一家教育机构发布的"英雄帖"，诚征有梦想、有能力的大学生合办暑期补习班。一直按部就班的刚子，如同心火被点燃，热气腾腾地跟机构迅速达成意向，用5000元押金换来了"区域负责人"的头衔，踏上了首次创业的征程。

那段时间，刚子与从前是截然不同的状态，他招聘兼职老师，制作招生传单，策划课程方案，忙碌但也熠熠生辉。按照他的设想，补习班招够50名学生，就能轻松赚得人生第一桶金。

少年世界初相逢，总能迸裂出动人的火花。

暑假即将过半的时候，刚子发了条朋友圈：第一次品尝到世界的残酷，接下来的大学时光要好好养精蓄锐。

刚子的初次创业失败了，每天坐在闷热的遮阳伞下长达12个小时，报名者寥寥无几，招聘的兼职老师一哄而散，5000元押金也打了水漂。

新学期返校后，对于暑期里的重挫，我和刚子默契地选择避而不谈。20岁出头的我们，逐渐开始适应这世界的云谲波诡，淡定值慢慢上升。

只是，刚子身上浮着的那股傲气突然消失，他剪短头发，戴上黑框眼镜，做回了一名安静的学生。

想要翩翩起舞，奈何降临尘土，羽翼未丰的蝴蝶，重新回到了蛹里。

4

如今，我没有从事与所学专业相关的工作，刚子考上了重点大学的研究生，瑞林有了自己的小公司，同时正在参加本科自考。

这一路，谈不上成功与否，不过是在得失之间，与自己达成和解。在我们告别学生身份，与世界正面交锋的年纪，最怀念的，还是当初跃跃欲试的自己。那些最初的试探没有演变成一种走向，但是有生之年欣喜相逢，每一次成长都有来路，每一个故事都有因果。

时至今日，我喜欢看年轻人在面对一群老江湖时略显笨拙，却不得不硬着头皮迎上的样子；我喜欢看年轻人刚刚进入职场，因为一份策划被骂得狗血淋头，但仍能调亮台灯伏案修改的样子；我喜欢看年轻人梦想开一家属于自己的店，并敢于去做时，那种气吞寰宇的样子。

那些年，我们如同一颗剥壳鸡蛋，被投掷在碎石路上，疼痛难忍，但弹性依旧。初出茅庐真是一个动人的词语，我们所散发出的蓬勃朝气芬芳扑鼻，摁也摁不住，叫也叫不停。

诗人张枣说："只要想起一生中后悔的事情，梅花便落满了南山。"还好，当我们渐渐对世界不再感到好奇的时候，还有一份最初的试探可供怀念。只要想起曾经想持剑屠龙的豪情，想起当初的那份紧张忐忑，便不忍辜负时光里的少年，于是永远保持着难能可贵的新鲜度，在人生下半程光彩依旧、兴致盎然。

送年轻时的自己哪些书

□贝小戎

> 如果我能回到过去,把一本《拉摩的侄儿》放到12岁的我手上,我会避免许多蠢行。

前几天,有人问给14岁女孩送什么书合适。我马上想到的是《爱丽丝漫游奇境记》,但或许人家读初中的时候已经看过了。14岁读很火的写女性友谊的小说《那不勒斯四部曲》,不知是不是又有点早了。好像没有谁是老老实实、按部就班地在什么年龄就读什么阶段适合看的书,有时候该看的没看,却看了好像是长大后才该看的书。比如小时候你该看过《长袜子皮皮》《骑鹅旅行记》,却机缘巧合读了《1984》《人,诗意地栖居》也说不定。

《卫报》半个月前做了一个专题,问一些著名作家会送给年轻时的自己什么书。也就是说,作为懂书的人,他们回过头来看,哪些书更适合青少年读。约翰·班维尔说,他年少时一直沉迷于后浪漫主义,如迪伦·托马斯和劳伦斯·德雷尔的放肆,后来才在特里林的论文中得知狄德罗的哲理小说《拉摩的侄儿》,"它是欧洲文学中最振奋人心、最具颠覆性的文本之一。这本小书跟海因里希·冯·克莱斯特的《论木偶戏》和霍夫曼·斯塔尔的《钱多斯勋爵书信》一起彻底改变了我对写什么、如何写的观念。狄德罗是一个杰出、有趣、睿智的人。如果我能回到过去,把一本《拉摩的侄儿》放到12岁的我手上,我会避免许多蠢行。但是我能读懂吗?萧伯纳说得对:青春虚掷,总在青年。我在大学阅览室里看到过这本书,后面的借书卡上显示,我的大学班主任、一位博士是在读研究生的时候才看了这本书"。

朱利安·巴恩斯说,他年轻时错过一些书,但他并不感到后悔,反而挺享受直到40余岁才发现《哈克贝利·费恩历险记》《麦田里的守望者》《失落的庄园》这件事(到现在也没看过《小王子》)。他说:"文学方面我后悔的事与此相反:

我希望自己没有在11岁拿到一本康拉德的《秘密的分享者》，导致我抵制了他几十年；我希望我没有在能够像福斯特那样采取恰当的措施之前读他的作品。我会送给年轻时的自己的，都是非虚构作品，关于政治和经济的本质，阶级、金钱和权力如何相互关联的书；还有关于自然的本质的书，我会指导年轻的自己去了解土、风和水，树、动物、植物和鸟类，还有蜜蜂。"

我希望自己年轻时就读到斯蒂芬·金，读到《肖申克的救赎》，读到他的回忆录《写作这回事》，更早地体会到坚韧与专业的重要性，更早地读到《第二十二条军规》《魔鬼辞典》，学会苦中作乐。

日本企业为什么不愿意"做大"

□陈 言

> "我是个匠人，只要能为客户提供满意的机器就好。"

中国顶尖企业，特别是一批互联网领军企业，近年在全球舞台上的崛起，是日本经济界和媒体非常关注的话题。而曾经风光无限、如今依然实力强劲的日本企业，却是另外一番光景。

中日企业之间一个很大的不同，是日本企业更专注"做事"，活在当下，而中国企业更愿意"做大"，着眼未来。

在日本静冈县，我曾经参观过一家名叫"先生精机株式会社"的企业。"先生"是老板的姓氏。年过七旬的老板名叫"先生武司"，十多岁时因为父亲病故，接下了家族企业的担子，至今已经半个多世纪。

先生的公司，专做一件精细活儿——打毛刺。机械加工出来的产品，少不了有些毛刺，而零部件必须做到没有毛刺，才能保证长久使用。

先生的公司，开始时是手工打磨，后来用上了机器，再后来专门生产打毛刺的机器——从手表里那些比米粒还要小的零部件，到轮船和风力发电机里直径六七米的大型机械零部件，他的打毛刺服务均可妥帖应对，因此在这个细分行业里享誉日本国内外。现在，他们甚至已经用上了最先进的IT控制和传感技术。

我问先生，没想过让企业上市吗？这么多年积累的经验和信誉，加上上市筹集到的资金，不是可以干更大的事业吗？

先生回答："我是个匠人，只要能为客户提供满意的机器就好。"

先生的思维方式，在日本企业家特别是中小企业家中非常普遍——不事张扬，埋头苦干，几十年甚至上百年只从事一个细分行业的加工制造，掌握"独步天下"的技术能力。但是，他们没有很多中国企业家那种"做大做强"的"野心"。

其实，雄心稍微大一点儿的话，上市、推广品牌都不是困难的事，但他们就是不愿意做。这一方面成就了"日本制造"的高质量，另一方面也使日本企业界面临"不缺好公司，但缺独角兽"的困境。

中日企业之间另一个很明显的区别，是企业家年龄的差异。

我在日本采访的企业家，很多是60岁以上甚至七八十岁的；而在中国，我很少遇到这个年龄段的企业家。

我的粗略估计是，日本企业家群体的平均年龄，可能要比中国高出至少20岁。像铃木汽车董事长铃木修（88岁）、佳能董事长御手洗富士夫（82岁），依旧活跃在经营一线。

这些"老领导"，大多在经营上非常"精细"，事必躬亲，对细节极端重视。而中国更年轻的企业家们，则拼劲十足，特别喜欢谈自己的经营理念和未来"开疆拓土"的梦想。

作为曾在国际舞台上叱咤风云的"前辈"，日本企业的特质、经验和教训，仍然值得中国同行学习和深思。

非洲人为什么总迟到

□ 三 木

> 在非洲，唯一准点的也许只有日出日落。

"好的先生，我马上到！"——在电话里若是听到对方说这句话，接下来该做什么，得看你身处何方。

如果是在国内北上广那样快节奏的大城市，也许不到一支烟的工夫，对方就会出现在你面前；但若在非洲，此时你可以选择打开一部电影——在对方出现之前，时间足够你从开头看到片尾的演职员名单。

在非洲，我第一次懂得"饭做好等了两个多小时客人才姗姗来迟"是一种怎样的体验。然而，就那位被我们宴请的当地移民局负责人脸上轻松自然的神态来看，这种体验大概就和每天感受着太阳东升西落一样普通，完全没必要表现出一副怀疑人生的样子。

在等待这位先生的两个多小时里，我怀着疑惑、不安、焦虑、恼怒和绝望的心情，给他打了一遍又一遍电话，换回的只是一句句"J'arrive"（我来了）和"Toutdesuite"（马上到）。言语内涵和现实情况的反差不仅令我怀疑人生，还怀疑起了时间的价值和存在的意义。

这件事堪称教科书级别的案例。它告诉我们，在中国人和非洲人的会面中，总有一方怨声载道，总有一方一脸无辜，时间则永远不在计划之内。

在非洲，至少对我来说，如果觉得正式场合人们的时间观念会好点儿，那只能说是一厢情愿。无论是医院，还是各种公司、机构，都有着量子一般、永远测不准的上下班时间。

比如，移民局的工作人员总在上午9:00到10:00之间某个时间出现，在下午1:00到2:00之间某个时间消失，你永远不知道具体的时间点是什么，只有亲自到场观测以后才会导致波函数坍缩，得出他在或不在的观察结果。而移民局的局长更是和中微子一样，几乎完全捕捉不到他的踪影，只有在非常走运或非常耐心的情况下，你才能发现他安坐在自己的办公室里。

在非洲，唯一准点的也许只有日出日落。

肯尼亚哲学家约翰·姆贝提将没有历法的非洲传统时间观总结为斯瓦西里语中的两个词：Sasha和Zamani。Sasha的本义是尚有在世之人认识的亡灵，Zamani则指不曾被任何当今之人见过的古老亡灵。

非洲人认为，当一个人离世后，他并没有"完全"死去，而是仍活在生者的记忆里。只有在最后一个认识他的人死去后，他才算真正死去，即从Sasha变为Zamani。

非洲人眼中的时间亦可对应到这两个词上：Sasha代表的是人正在切身感知的时间，包括刚刚发生的、正在发生的和在短时间内即将发生的事件。当每段时间渐渐成为久远的过去后，它就从Sasha转化为Zamani，被安放进了和所有创世神话、英雄史诗共享的时间墓地之中。

在这种时间观中，现世的人是时间的衡量者，就像量子物理中的观察者那样影响着观测结果。时间被由远及近地分类为Sasha和Zamani，没有西方那种神圣而精确的时间刻度，也不像东方人那样讲究轮回。

这种由生者和逝者所代表的二元时间中也没有长远未来这个维度，因为未来遥远而未知，最重要的是，它就像是从未出生的生命那样，本身就是不存在的。

每次我预约修空调的小哥时发生的事，似乎可以成为这种分界模糊的二维时间观的绝佳案例：他在电话中总会告诉我"马上来""正在路上"或者"明天上午来"，而对应的实际情况往往是两三个小时后才到或者第二天下午才来。

而这样的情况，在非洲绝对是常态。在我们看来被安排在未来一个个精确时间点上的事件，在以空调小哥为代表的非洲人脑中，可能就只是将它放进了Sasha这个时间池之中，只要在近期能完成就行，具体的时间根本可有可无。

因此，等待两分钟或10分钟后，就开始焦躁、抱怨的中国人，肯定是第一次来非洲；得到非洲人的答复后，优哉游哉地去干自己的事的人，脑中大概已经有了Sasha式的时间概念，才算得上合格的"老非洲"。

别了，我的小猩猩

□覃 月

> 最终，我用300元人民币买下了它，起名叫平仔。

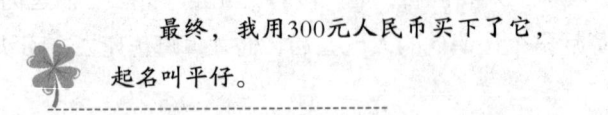

2014年，我作为高级维修技师去了布尼亚，那里没有网络，没有能听得懂的电台和电视，就只能过着日出而作，日落而息的原始生活。

当地人吃的食物大多是水煮或者油炸的薯类、肉类，米面也有，但大多都做得极为难吃。

布鲁诺找来了一只二手电饭煲给我，这才解决了饮食这个大难题。黑人朋友也不知道从哪儿听的"中国人什么都吃"，经常把抓到的蝙蝠等野味拿来给我吃，搞得我很尴尬。当然，如果有野兔之类相对正常的野味，我通常都会给他们十几元人民币作为酬劳，算是打打牙祭。

遇到平仔的那天，我躺在驻地平房的屋顶上看日落，布鲁诺兴奋地找到我，说："陈，下来，有礼物。"

待我到了院子，当地工人正围着一只猩猩说笑，它看上去只有两三个月大，也就不到半米高，非常虚弱，趴在院内一棵倒下的树干上一动不动。它圆圆的黑眼睛睁得很大，打量着周围的人群。

"吃不吃？便宜卖给你。"捡它回来的工人对我说。

我赶忙摆了摆手。

工人叹了口气，抓住它的脚踝倒提着，就要往旁边树林里走。我问布鲁诺："他要把它放了吗？"

布鲁诺笑了笑，露出一口歪歪扭扭的白牙："不，他要把它扔掉，这只猩猩不会自己找吃的，被扔掉以后，很快会死的。"

我大概是动了恻隐之心，伸手拦住了提着它的工人。最终，我用300元人民币买下了它，起名叫平仔。平仔最初非常虚弱，只能用勺子喂面糊吃。

我带它打了疫苗，又买了奶粉、尿不湿等婴儿用品。那时候，设备维修的活儿不多，我有时间照顾平仔，把它当成人类的宝宝一样喂养。过了两个月，平仔的身体就一点点好了起来。它一天天长大，不仅体力越来越充沛，智力也越来越高。

它完全懂得自己叫"平仔"，只要我叫它，无论在院子哪个角落，它都会立马过来坐在我面前。平仔非常喜欢"干净"。它会定期洗澡、洗脸，还总是做得有模有样。平仔一岁半时，就开始跟我一起出任务了。它对我大大的工具箱最好奇，扳手、钳子、会发光的测电笔都成了它的玩具。

每一次我驱车从布尼亚市区赶往项目地时，平仔都是我路途上解闷的伙伴。维修机械时，最初它喜欢静静地坐在我脚边观察，后来看的次数多了，甚至学会了给我递工具。平仔能与我在工作中"配合"，使得当地工人也不再把它当原始动物看待。

渐渐地，大家也都习惯了平仔的存在，平仔能和工人们打成一片，甚至枕着他们的胳膊安心睡个午觉。在布尼亚的时光，艰苦、寂寞、缓慢而悠长，却又无拘无束、充满未知。

外派工程师每年都有探亲假，整整一个月，在我离开的日子，就拜托布鲁诺照顾它。回国后，我只能发短信询问布鲁诺它的情况。

基本上，布鲁诺的回复就是："它很好，只是吃得少，不怎么开心，像想要你快点儿回来。"

后来，经历了几次短暂的分别后，平仔明白我还会回来，也就不再捣乱了。只是每次我离开的时候，它会坐在屋顶默默目送我离开，每次我回来的时候，它就会开心地跳到我身上，用头顶蹭我的脸颊，我知道这是它在用猩猩的方式说："欢迎回家。"

从衣食起居到工作娱乐，我们朝夕相处，工友们也都笑说，平仔就是"陈"的儿子，而且，平仔也没有让我失望。

某天，我们驱车前往项目现场，雨天路滑，车子抛锚撞到了路旁的树干上，破皮卡的车头当即凹陷，卡到树干里动弹不得，驾驶座的门也严重变了形。

平仔反应灵敏，从窗口闪电般滑了出去，并没有受伤。可我的脚卡在了油门和刹车之间，无法脱身，手机也没有信号。

平仔急得在我身边跳来跳去、抓耳挠腮。我掏出手机，指了指其中和布鲁诺以及其他工友的合影，然后指着我们来时的路，做了个"拜拜"的动作。

平仔像是瞬间明白过来，这是我要它回去找人来，它立马跳到一旁的树干上，准备回驻地。但它还是一步三回头地望着我，直到树林间彼此的距离越来越远，再也看不到对方。

在车上等待的那段时间异常煎熬，这里离驻地有十几千米，我不知道平仔能否安全找到驻地，它几乎没有独自在森林中穿行过，任何其他物种的攻击，对它来说都是致命的威胁。即使回去了，又能否用它的语言说服工友出来寻我呢？

没想到，只过了半小时，布鲁诺和其他工友就在平仔的带领下，骑着摩托车顺利找到了我。

事后布鲁诺对我说，平仔特别聪明，它在地上画了个圆比作我的脸，还画出了我的眼镜，因为工地上只有我一人在维修时会戴眼镜。平仔甚至拿了我的一颗纽扣递给布鲁诺，纽扣是中国公司制服上特有的，有汉字，所以布鲁诺一下就明白了，平仔是要带他去找我。这件事发生后，我对平仔的感激和爱疯长起来。

但我也意识到，今年已是我派驻的第三年，归期就要到了。

我并不能把平仔带回去，国内无法让它入境。离别前夕，它十分敏感，仿佛已经知道我这次要走得很远。

走的那天，布尼亚天气晴朗，我要上车时，平仔用了最大的力气，抱着我的腿不肯松手，我狠下心来，跟它道别。布鲁诺把它从我身上剥离的时候，平仔发出了撕心裂肺的叫声，大大的黑眼睛也一直在流泪。

终于，车子距离我生活了几年的营地渐行渐远，飞扬起来的尘土，淹没了后视镜里的影像，平仔的哭声慢慢变小，最终我耳边剩下的，只有车轮滚滚的声音。

这一幕，在我落地中国后，时常在我梦里出现。

回国后，我买了房，按计划跟女友结婚。繁忙的生活稍稍治愈了一些我对平仔的挂念。

我很快搬进了新家，只是站在阳台的时候，依稀记得我曾经有过打算，把新家里的一间小屋，留给平仔。

在回国后的第三个月，布鲁诺给我发来了平仔的死讯。

自从我们分别后，平仔就不怎么吃东西了，常常独自坐在屋顶发呆，后来甚至独自走了几十千米的路，去项目现场找过我。在返回驻地的途中，估计被其他同类攻击过，受了伤。

布鲁诺虽然找了兽医，但最终平仔还是在郁郁寡欢中死去了。布鲁诺对我说，平仔死前，抱着我穿过的那件旧工装，怎么都不肯放手。

我时常回想在布尼亚的这几年，一人，一只猩猩，或者玩乐，或者它枕着我的手臂呼呼大睡的时刻，想起它的嬉笑、伤心、懵懂的各种小表情，无比怀念和痛心。

很快，我和女友结婚了，过起一个"正常男人"该有的日子，但我再也不敢去动物园，不愿意重返非洲，不愿意观看、阅读人和动物题材的电影、书籍，甚至不愿意再喝平仔喜欢的那个牌子的啤酒。

因为每当无意中经历这样的时刻，我都会像个孩子一般流泪。

平仔是我此生中最特别的回忆，我常常想，为什么人与动物能建立如此深厚的感情？大概是因为它们总能做到其他人类无法互相给予的事情。

比如，它对我，从不指责，从不怀疑，却永远相信，永远追随。

"熟辣烘"鹦鹉

□段奇清

> 这只虎皮鹦鹉口中总念叨着一个词"熟辣烘"。

祖母去世那天,我们晚辈及乡亲们全都哭成了泪人。

在一片悲痛的号哭声中,那只虎皮鹦鹉也打着哭腔,直叫着"熟辣烘"……在家乡,养蚕一直很盛行,而祖母是乡人们公认的养蚕能手。有一段时间,祖父祖母连房前屋后都建有养蚕室。由于蚕养得好,收入不错,一家人的日子也过得红红火火。

不幸的是,祖父在43岁那年患了病,日子全靠祖母一个人支撑,家道由此中落。

那年冬日的一天,飞来了一只虎皮鹦鹉,在门前"吱吱"直叫唤。那是饿得慌了,祖母拿米饭喂它,想:鸟儿吃饱了,会飞走的。但那鹦鹉一待就是好多天。

祖母又想:鸟的主人会来寻找它的。可好些天过去了,祖母让人四处打听,没有谁说丢了鹦鹉。

"那好!我先养着。"心灵手巧的祖母做了一个鸟笼。有了鹦鹉,病中寂寞的祖父从此也有了一个伴儿,祖母不需花那么多的时间陪着祖父了。

开春了,为了能继续给祖父治病,也为了维持一家人的日常开销,祖母更是努力多养蚕。

家乡人称蚕为"天虫",因为在人们眼中,蚕很神秘。同样是养蚕,有的人到"天虫"结茧子时,往往只剩下几十只,有的人甚或一只也不剩,祖母的蚕茧却结得又多又大。

其中的诀窍便是以好桑叶让蚕饱食,不喂虫口叶、泥沙叶及变质的发酵叶;同时控制蚕的日眠,促进眠起整齐。此外,一些有关养蚕的禁忌祖母也都谨记于心。比如，忌说"伸"字，因为蚕只有死了才是伸直的，由此，连"生"字也得说成"熟"；"僵蚕"是蚕病的一种，故而要忌言"僵"字，"姜"也要说成"辣烘"……其实，祖母是不相信这些语言方面的禁忌的，只是因为祖父的病总不见起色。祖母的禁忌，更多的倒是期盼祖父能好起来。

一年后的一天，祖母终于辗转打听到了鹦鹉的主人，是过了我们段家村前的东荆河，向南，几十千米之外的一位谢姓老者，祖母便托人把鹦鹉捎了去。老谢熟悉自己的鸟儿，可有一件事儿令他好奇：这只虎皮鹦鹉口中总念叨着一个词"熟辣烘"。

一日，鹦鹉烦躁不已，它头向北方，一副想冲出笼子的样儿。

老谢想了想，终于明白它是要回到祖母身边。于是，他携着鸟笼上了路。在离段家村不远的地方，老谢放飞了鹦鹉，鹦鹉飞到了村东头一座新坟前，不停地叫着"熟辣烘"。是的，地头是祖父的坟。

原来，祖母一直为祖父熬药喂药，因为祖父得的是重寒症，需要在药里放置生姜，而因为禁忌，她总把生姜说成是"熟辣烘"。日子长了，鹦鹉也就学会了。

听了祖母的话，老谢好生感动。当时有人要出高于市场10倍的价格买走这只虎皮鹦鹉，老谢不卖，而是把它留给了祖母。从那时起，只要有空，或是想起了祖父，祖母都会带着这只鹦鹉来到祖父的坟前，在"熟辣烘"的叫声中，为祖父烧一沓纸钱，再与祖父说说话。

20多年后，祖母去世。从此，鹦鹉在祖父母的坟头，"熟辣烘熟辣烘"地叫唤着，直到泣血而死。乡人们非常感动，便叫它"熟辣烘鹦鹉"。

如今，只要看到鹦鹉，我便会想到祖母，以及老辈人那永远盘旋在心头，飞不走的深情的爱……

拒收10亿美元的人

□李云贵

> 这些视频在互联网上获得了极大的成功，点击率接近5亿。

1976年，萨尔曼·可汗出生于孟加拉国。一个看上去很普通的穷孩子，长大后却成为美国数学教父，他的善良赢得了全世界的赞扬。

可汗从小移民到美国。他家的小侄女纳迪亚上七年级了，但数学成绩一直不好，要求可汗给她辅导。对于当时28岁的可汗来说，数学是他的强项，他在麻省理工学院的专业之一就是数学。可汗和纳迪亚不在同一个城市，于是他就通过互联网教纳迪亚学数学，讲得生动有趣、概念清晰，纳迪亚的数学成绩迅速得到了提高。

可汗通过互联网教纳迪亚学数学的消息，很快被他的朋友们知道了，他们也让可汗给自己的孩子辅导数学。经过可汗辅导的孩子，数学成绩都直线上升。可汗想，这样逐个辅导，效率低。不如直接录教学视频，放到互联网上，让大家免费观看学习。于是他回到家就躲进衣帽间里，拿起摄像头录制讲课视频。录好的教学视频非常生动，能在10分钟内把一个数学概念讲完，在互联网上引起了很大的关注，一发不可收拾。就这样，可汗在自己的衣帽间录制了一整年的视频，从小学数学到高中的微积分，再到大学的高等数学，统统讲了个遍，共录制了4800个视频。这些视频在互联网上获得了极大的成功，点击率接近5亿。

在美国的2万多所学校中，数学课老师干脆不讲课了，让学生观看可汗的视频，老师只负责答疑。就这样，可汗一个人凭借一根网线，掀起了一场美国传统教育的革命。他由此创建了免费网站"汗学院"，让孩子们可以像打游戏一样学习数学。"汗学院"的月访问量就达到了500万人次。

可汗的视频获得成功后，很多投资机构找到他，希望注资成立公司，对视频收费，其中一家投资机构甚至愿意出10亿美元给他。但是，可汗拒绝了。他认为一且收费，很多发展中国家的孩子就看不到视频了。可汗坚持做免费教育，为发展中国家的孩子学习提供了有力的保障，他的善良之心受到了全世界的关注和尊敬。与此同时，他通过自己的努力，还拿到哈佛大学的硕士学位，并成功地登上了《福布斯》杂志封面，成为教育界名人。

　　善良能改变世界。只要每个人都有一颗善良的心，都付出一点儿爱，就会把快乐传递给周围的人，世界也会变得更加美好。

"永不干涉"也许是另外一种干涉

□五 一

> 在自然纪录片行业有一条规定，即"永不干涉"原则。

BBC的自然纪录片是很多人必追的剧集，2018年12月上映的历时4年拍摄的《王朝》，更是众人期待的焦点。不过，在最新的一集中，剧组把拍纪录片"永不干涉"、不能干预自然的行规打破了，几亿观众却因为感动而选择谅解，并发出"这么拍简直是疯了"的感叹。

这一集的主角是帝企鹅。

在影片中，摄制组趁着天气短暂的好转想要抓紧时间拍摄，可还没有到达拍摄地点，就听见远处传来企鹅们的哀号。原来，在帝企鹅大部队的一侧，大约有50只帝企鹅被困在一个冰坑里。

想要从冰坑里出来，就必须爬上周围的陡坡，可是面对又滑又陡的斜坡，帝企鹅爬两步，就会往下滑三步。帝企鹅们排着队不断探索不同的路线，希望可以找到走出困境的路，但都无济于事。

刚开始，观众们被帝企鹅打滑摔倒的滑稽样子逗得哈哈大笑，但是很快大家就笑不出来了。

当时的气温是-60℃，其中一些帝企鹅还带着幼崽，而这些帝企鹅宝宝必须踩在父母的脚上，藏在父母温暖的腹部之下，才能抵御严寒。可是，在艰难的攀爬过程中，帝企鹅父母们不得不遗弃自己的宝宝。在如此恶劣的环境下，用不了多久，帝企鹅宝宝们就会被冻死。而且南极的天气变化无常，历时两天，被困的帝企鹅们仍然没有爬出冰坑，出现了更多伤亡。如果持续下去，它们很有可能会全军覆没。

看到这里时，观众们再也坐不住了，纷纷到BBC的官方推特下留言，要求摄制组救救那些被困的帝企鹅。但同时也有一些观众表示，人类不应该对自然环境进行干涉。

其实，这也是摄制组的顾虑。

在自然纪录片行业有一条规定，即"永不干涉"原则。简单来讲，就是尊重大自然环境下发生的一切事情，工作人员不得对自然环境下的物种活动进行干预。

可是，当看着被困的帝企鹅和被冻僵的帝企鹅宝宝们时，看惯了物竞天择、弱肉强食的剧组摄影师们心疼得落泪哽咽。他们的心情和观众一样，认为不能看着如此美丽又顽强的生灵一步步走向死亡。

经过深思熟虑，谨慎权衡利弊之后，摄制组决定采取行动，对被困的帝企鹅出手相助。

他们非常理智地采取了一个折中的措施——间接干预。

几名工作人员用带来的铲子在冰坑周围的斜坡上挖了一条浅浅的沟，这条浅沟就像一条楼梯，可以让帝企鹅有地方落脚，踩在浅沟里向上爬。果然，聪明的帝企鹅很快就发现了这道救命的"楼梯"，它们靠自己的努力，利用浅沟最终成功地走出了冰坑。

摄制组的行为赢得了众多观众的支持和赞美，当然也有一些反对的声音。对此，《王朝》的执行制片人迈克·冈顿谈到这件事时认为：我们有相应的原则，而且干预自然确实是很危险的行为。但如果什么都不做，那些帝企鹅会因为自然界营造的特殊情况而死去。绝大多数时候，我们作为专业的从业者，会严格遵守"永不干涉"的原则，但在极个别的特殊情况下，理性与人性的博弈中，人性会占据上风。这时候进行一些间接干预，挽救珍贵的生命就是一种最合适的选择。

如果在任何情况下都执意坚持"永不干涉"的原则，也许恰恰是另外一种干涉。

别让抹香鲸的肚子变垃圾场

□ 邱 瑞

如果地球的环境被破坏到已经无法给人类提供生存空间,那么毁灭的是地球还是人类?

提起鲸鱼,我们的脑海中会浮现怎样的画面?静谧的大海中一只闲散自由的庞然大物在无忧无虑地畅游,它们拥有流线型的身体、光滑的皮肤,它们在海洋中追逐乌贼和鱼群,偶尔还会浮上水面制造小喷泉。总之我们对鲸鱼的所有想象都离不开它赖以生存的海洋。而最近,在印尼瓦卡托比地区发现的一头搁浅的抹香鲸,却实在让人难以联想到它赖以生存的美丽海洋。这头抹香鲸的胃里竟然有多达6千克的塑料垃圾,其中有115个塑料杯、25个塑料袋以及各种其他塑料垃圾。这哪里是鲸鱼呢?这分明就是一个垃圾填埋场。鲸鱼的胃里已经不再是它捕获的食物,而是人类抛进海里的"毒物"。

众所周知,鲸鱼由于体型庞大,进食时难免会误食一些猎物以外的东西,往往都是一些沙石、贝壳之类,可现如今它们已经不可避免地要吃进去这些塑料。塑料如果放在自然界中降解,需要长达500年的时间,而鲸鱼怎么可能有办法消化这些塑料垃圾呢?而且我们可以想象,这6千克的塑料肯定不是鲸鱼一朝吞入腹中,应该是经过了很长时间的积累。从它误吞进第一块塑料垃圾起,就要带着这些垃圾生活,它们在鲸鱼的胃里既不能被消化,又不能被排出,就这样折磨着这只鲸鱼,直到它死去。一头海上巨无霸,却死在了塑料的手里,这是如此讽刺。然而你知道吗?发现这头抹香鲸的地点瓦卡托比,拥有着世界上最美丽的海底世界,尤其以多种多样美丽的珊瑚著称。可现如今,如天堂一般美丽的海底到底"游动"着多少新型"鱼类"——塑料,海里有多少可怜的动物在以塑料为食?

美丽的印度尼西亚一度是潜水爱好者的天堂,这里气候宜人,椰林密布,海水清澈,海底有着大量的海洋生物和丰富美丽的珊瑚礁群。每年都有大量的潜水爱好者慕名而来，带上潜水设备，化身成一条鱼畅游在海底。可是数量越来越多的海洋垃圾却渐渐占领了海洋生物的家园。潜水爱好者们兴冲冲地来到这里想要和海洋、鱼类、珊瑚共舞，结果看到的却是满眼的塑料垃圾。

  据英国《每日邮报》报道，摄影师尤卡和他的未婚妻爱萨在印度尼西亚拍摄了一组照片和视频，呼吁大家保护海洋环境。画面显示，当他潜入海底时，展现在他眼前的是形形色色的塑料垃圾，而不是干净的海水和五彩缤纷的鱼类，数以万计的塑料垃圾在海底上下漂浮"摇曳生姿"，而可怜的鱼儿在这些形形色色的塑料碎片、包装袋、胶皮、吸管中间穿梭，夹缝中生存。生活在这里的海洋生物们很容易误食这些塑料垃圾，而这些垃圾残留在它们的体内，无法被分解，就会像那只可怜的抹香鲸一样死去。看到这些，我反而羡慕那些生活在水族馆、水族箱里的海洋生物，虽然它们失去了自由，却不会因为这些塑料垃圾而丧命，而这些生活在大海里的生物，它们虽然生活在自己的家园，可家园已经满目疮痍，随时会被垃圾吞噬，它们没有能力改变环境，只能等待灭亡。

  在去年的年度野外摄影大赛上公布的一张优秀作品引发了大家的关注，画面上是一只海洋里的小海马，它的尾巴上卷着一根棉棒。海马大都生活在珊瑚礁的暖流中，它们并不善于游泳，但是它们会利用蜷曲的尾部抓住一些海洋中的漂浮物，比如海藻、珊瑚的枝节，以防自己被洋流冲走。但随着海洋里塑料垃圾的肆虐，它们难免与塑料垃圾为伍。这样的情况并不少见，被塑料杯套住嘴巴的海豹、鼻子里插进吸管的海龟、被塑料网网住的海狮，它们一旦被缠住就终生无法逃脱，最终因此丧命。那样的画面实在令人痛心，你甚至能切身体会到他们深深的无助。塑料垃圾破坏了海洋环境，遮挡了阳光的照射，这里的珊瑚们也都在迅速死亡。前不久海洋学家大卫·沃恩偶然间发现了如何迅速培育珊瑚，原本需要几年时间才能长大的珊瑚只需要几个月就可以培育出来。但是我们不禁要问，如果海洋环境无法得到改善，我们要把培育出来的珊瑚放到哪里去呢？如果放归到满是垃圾的海洋里，那培育它们又有什么意义呢？

  人类很难对自己无法感知的客观世界产生具体的认知，我们很少有机会真正地去感受海洋世界，觉得它离我们很远，与我们的生活无关。但是根据调查，海洋里部分鱼类体内的塑料含量高达70%，鱼类因为长期生活在布满塑料垃圾的环境中，经常误食塑料垃圾，结果变成了"塑料鱼"。当然不仅仅是鱼，还有各种贝类，甚至海盐里都含有塑料微粒。这些东西有很多都被搬上了人类的餐桌，我们吃的鱼还安全健康吗？我们还能事不关己地说海洋环境与我无关吗？日本作家星新一有一篇关于环保的科幻微小说《喂——出来》，书中讲述了地球出现一个无底洞，人们把所有的垃圾通通倒了进去，地球的环境确实在改善。当人们已经习惯这种简单粗暴的垃圾处理方式后，突然有一天，先前抛进去的一颗小石子飞了出来，那些被抛进洞中的一切也会重新被倒回地球。海洋仿佛就是小说中的那个无底洞，人们肆无忌惮地让垃圾流入海洋，我们的房子干净了，我们的街道干净了，我们的工厂干净了，却让可怜的海洋生物替我们承受这些垃圾的侵害。

当然，海洋污染问题已经得到社会各界越来越多的重视。BBC拍摄的纪录片《蓝色星球2》中就讲述了一个故事，一只小鲸鱼刚出生不久就死去了，它的母亲始终不愿意接受这个事实，一连几天都带着小鲸鱼的尸体不肯离去。而小鲸鱼的死很有可能是因为母亲长期生活在被污染的海水中，奶水已经有了毒性，小鲸鱼就是因为喝了自己母亲的毒奶而死去的。许多人看到这个片段，被鲸鱼母亲的悲惨遭遇深深触动，决定不再使用一次性塑料制品。麦当劳、星巴克、宜家等大型企业也都相继决定放弃使用塑料吸管，为海洋环境减轻负担。当然，这些工作无异于杯水车薪，想要改善海洋环境需要地球上每一个人共同努力。当我们的科技越来越发达，生活越来越便利，到底是谁在替我们承担这背后的代价？都在说保护环境、保护地球，我们真的需要重新考虑一下这个定义，如果地球的环境被破坏到已经无法给人类提供生存空间，那么毁灭的是地球还是人类？我们真的应该从身边的小事做起，保护我们的生存环境，保护我们自己。

不同寻常的"德式严谨"

□三　沫

> 德国人的守时不仅仅是不迟到，最好还要刚刚好。

"为什么选择德国呢？"当听说我要去德国做交换生时，身边的亲朋好友都会问上这么一句。

"因为我喜欢德国人严谨的处事态度。"每一次我都会这样回答。虽然听起来有些矫情，但我是认真的。那时候认识了两位德国朋友，他们的做事风格让我很欣赏。

一位是在旅行中认识的德国小哥，看到他细致入微的旅行攻略，以及他每日都会翻很多遍的日程本，我只能叹为观止。另一位聚会时认识的德国大哥，身材高大，举止绅士，完全符合人们对德国人的传统印象。我们在他的女友家聊天，他主动提出帮我们准备水果。当他端出两盘精致程度堪比米其林餐厅的水果拼盘时，我们方才明白，为何他会在厨房里忙了一个半小时才出来。

然而，当我真正在德国的日常生活中体验到无处不在的"德式严谨"时，我不得不感叹一句，曾经的自己真是"没见过大世面"。

您预约了吗

在德国生活，无论是去餐厅吃饭，还是去诊所看病，提前预约都是必要的。"德国人的日程表通常会排到一年以后"，这种说法虽然有些夸张，却实实在在地反映出德国人对于制订计划的热忱以及执行计划的执念。

想要去德国的热门餐厅吃饭自不用多说，有时愿意等候也无济于事，因为许多餐厅每晚每桌只招待一次客人。而在德国的马路上，除了机场或火车站门前可能会停有几辆等客的出租车，若想打车只有打出租车公司的电话预约，因为没有车会在路上边跑边寻客。

吃饭、打车尚且如此，更不用说看医生这等大事了。

德国人口不多，诊所和私人医生的数量也相对充足，然而不预约还是看不上医生。一方面是因为德国人习惯做定期检查；另一方面，德国医生也会预留出充足的时间为患者做检查或治疗，同时，德国的各行各业都会严格遵守工作时间。如此一来，每个诊所每天可安排的人数便极为有限了。

除了注意预约时间外，提前确定好一家可预约看病的诊所也是十分必要的。否则，便有可能遇见这样的惨况：拖着突发高烧的身体或抬着被热水意外烫伤的手，好不容易在导航的指引下找到一家诊所，却看到门口贴着通知，说医生外出度假，数日后才回。你便只能忍着病痛另寻出路。

为何不直接去医院？因为那里只接收重症病患！也正因如此，在德国，人们生病后第一个想到的不是医院或诊所，而是药店。德国的药店药品齐全，而且德国药店里的工作人员均是医药专业人员，对于常见病痛可直接对症推荐用药，省去了预约看病的烦恼。

不爱守时的德铁

对于严谨的德国人来说，守时是第一准则。而德国人的守时不仅仅是不迟到，最好还要刚刚好。

不论你是去友人家拜访，还是去教授办公室约谈，如果你的到达时间比约定时间提早较多，不要贸然敲门，请在门口等候，直至距离约定时间5分钟时再敲门。"万一不小心迟到了怎么办？就说你是坐德铁去赴约的！"初听以为是段子，然而经历过的人都知道，德铁晚点甚至取消班次绝非罕见之事。

德国人喜欢安排时间，以至于每一条线路的公车都有固定的时刻表，每一班次到达每一站的具体时间在时刻表上都有明确标注。而多数公车站台都会有一个电子站牌，上面显示着下一班车将在几分钟后到达。

公车尚且如此，更不用说铁路了。然而德铁时常任性迟到，成为"德式严谨"中可被预料的意外。德国国土面积不大，但铁路停靠站众多，因此中长途的旅客往往需要转车。若要以最短的时间到达目的地，不仅需要乘客自己安排好时间、选择好车次，还需要德铁配合，不要迟到。

在一次旅行中，我从丹麦哥本哈根坐德铁回南德小镇图宾根，需转4次车。然而，跑第一棒的列车就迟到了，以至于我和另一位德国姑娘眼看着跑第二棒的列车丢下我们扬长而去。德铁的工作人员稍做研究后，替我们叫了免费的出租车，赶去第二棒和第三棒的交接车站。神奇的是，我们真的在第三棒列车出发前上了车。

坐汽车追赶火车的神奇经历给了我特别的感触，"严谨"之于德国人，不仅是一种态度，还是一种值得骄傲的情怀，一旦不慎丢失，便要不遗余力地找回。

哈登的三十六计

□ 年世兰

> 最近我在认真思考一件事情，给哈登改名叫"孙子"，孙子兵法的"孙子"哦！

几年前为了带哈登坐飞机，买过一个宠物托运箱，很小，哈登在里面不能站起来，不能转身，只能趴着。托运后这箱子一直没扔，最近我给这箱子开发出了新用途，就是当来给哈登关禁闭的小黑屋，哈登犯错误了乱撒尿了，我就先打它几下，然后抱起来塞到箱子里，让它在里面趴半小时到一小时，好好反省反省。

这样关了两三次禁闭后，有一天晚上我起夜，发现哈登又趁我熟睡在椅子边上偷偷尿了，我怒火中烧，马上把它叫了过来，一巴掌打完，第二巴掌还没落下，哈登突然撒开腿溜了，迅速跑到了楼下。

我特别震惊，因为养了哈登四年多，它从未服过软，特别有个性，每次犯了错误要打它，甚至都不需要我去抓它，只需要我吼一声，哈登会自己走过来挨打，只不过走得很慢，一步一步跟走T台似的，眼睛也不看我，左瞅瞅右看看，走到我脚下后就开始低吼，我打一下它吼一声，脑袋昂着，不躲不闪，一副正义凛然、悍不畏死的气势。

所以这次哈登逃跑我特别震惊，心想是不是不小心把它哪里打坏了，赶忙跟着它跑下楼，发现它正站在托运箱的门口，眼睛盯着我。待我走近后，哈登自己钻进托运箱，趴了下来。

当时我就像自己孩子第一次会叫"爸爸"一样兴奋，感动得快要哭了，心想哈登你终于长大了，知道自己犯了错误，有了主观能动性，学会自我惩罚了。

那天晚上我只是象征性地把它关了一会儿就放它出来了，还赏了它零食吃。

后来的事实证明我还是太天真，低估了这狗的城府。之后的几天，哈登还是会偶尔趁我熟睡的时候，偷偷在木地板上撒尿，被我看到后还是会乖乖走过来挨打，但每次刚打两下它就跑到托运箱那里钻进去给自己关禁闭，也就是说，小黑屋成了它逃避挨打的避难所。

不仅如此，通过最近的很多事情，我发现这狗的心眼儿不是一般坏，我很可能养了史上最奸诈、最无耻的一只狗。

"双十一"我给哈登囤了很多狗零食，为了加强它去厕所撒尿的习惯，基本每次它去厕所尿尿，都会赏它一块零食。其实哈登去厕所尿尿的习惯早就培养好了，我在家的时候它从来不乱尿，只去厕所，但只要我不在家，它就会到处乱尿，报复我不在家陪它。

被逼无奈，我上班的时候只能把它关在二楼的厕所里，但我深夜熟睡的时候它偶尔还是会趁机使坏乱尿。所以每天睡觉前的那段时间，哈登只要去厕所尿尿了，我就会奖赏它最贵的狗零食，一大块鸡胸肉或者牛肉棒，希望它能在我睡觉前把尿都尿完。

这样过了一段时间后，哈登摸透了我的心理，又开始给我耍奸计了。

每天晚上我洗完澡，到二楼的卧室床上躺下，开始睡前阅读的时候，哈登就开始了它的表演。基本是我刚拿起书不到一分钟，它就跑到旁边的厕所马桶旁撒尿，而且撒尿前会在地上转来转去，搞出很大的动静，吸引我注意。

尿完后，哈登就走出厕所，站在床下，直勾勾地盯着我，示意它尿尿了。一开始我是很开心的，会马上放下书起身，床还没下，哈登就开始蹦蹦跳跳地甩脑袋，甩脑袋的方向就是厕所的方向，着急带我去看它的尿。

我走到厕所打开灯，哈登确定我看到后，就头也不回地飞奔下楼，站在装狗零食的柜子前等我。我下楼后先奖赏它零食，然后去一楼的厕所拿拖把，上二楼的厕所拖尿，再下楼涮拖把，洗手。

折腾这么一趟也挺辛苦的，尤其是已经脱了衣服钻进被窝，打算看会儿书就睡觉的状态下。

我折腾完再次在床上安顿下来，拿起书，最多也就看两三行的样子，哈登就又跑去厕所马桶下撒尿，然后出来直勾勾地盯着我，我不得已又得起身折腾这么一趟。

基本上每天晚上睡觉前都有这样五六次，书根本看不了几页，而且哈登会在我给它拖尿的间隙狂喝水，以方便它后续的操作，直到它吃零食吃到实在吃不下为止，它才会在床边找个地方趴下来睡觉，我再从床上起身，这坏狗连眼皮都懒得抬一下，更别说在我跟前蹦蹦跳跳甩脑袋撒欢儿了。

如果说哈登自己钻托运箱主动关禁闭逃避挨打，算是《孙子兵法·三十六计》

中的"苦肉计"，用尿尿换取食物，而且每次只尿一点儿反复操作的奸计，应该就是"疲兵之计"了。当然如果你以为哈登只会这两招，那就太小看它了，它还会使一招"连环计"。

哈登一开始使"疲兵之计"，我都忍了，心想睡前反复折腾辛苦一下，至少能让它把尿都解决完，晚上能睡个安稳觉。但我也有自己的反制措施，跟它斗智斗勇。就是有时候实在不想起身了，哈登去厕所尿完出来对我施展眼神攻势的时候，我不理它，专心看书，假装没听到没看到，等它到厕所多尿几次后，攒在一起拖。

这样几次后，哈登也有了自己的应对策略，就是去厕所的频次增加，见我无动于衷，就又跑进去尿，而且尿尿前闹的动静越来越大，出来看我的眼神也越来越可怜。

我等它进去尿了三四次，感觉攒得差不多了，厕所应该满地尿的时候，才起身下床，走到厕所，打开灯，发现厕所的地面比罗布泊的盐碱地都干涸，也就是说，哈登给我使了一招"无中生有"，它根本没尿，去厕所闹出的动静都是假动作。

每次中计我都站在厕所苦笑，一只蠢萌的比熊心眼儿竟然能坏到这种程度，不好好卖萌竟然还跟我玩起了兵法，真是招架不住。我愣在厕所苦笑的时候，哈登就站在我的脚边，也不提前下楼等零食了，仰着脑袋看着我，嘴张开，小红舌头伸出来，仿佛是奸计得逞后对我的嘲笑，再来一招"杀人诛心"。

不得不说，哈登这招"无中生有"使得深得孙子兵法精髓，因为它不是每次都假尿，而是虚虚实实，有时候真尿有时候假尿，让我捉摸不透，无法完全无视，只能不停地起床查看。

最近我在认真思考一件事情，给哈登改名叫"孙子"，孙子兵法的"孙子"哦！

导盲犬珍妮退役：爱与放手

□王海燕

> 基于"职业习惯"，保护主人是很多导盲犬都会做的事情，但珍妮带给陈燕的是用陪伴让她走向了更广阔的生命境域。

2018年12月21日那天，陈燕参加了一场慈善宴会活动，来来往往的宾客中，时不时有人跟陈燕打招呼，问："珍妮呢？"

他们显然还不知道，当天是陈燕这么久以来第一次没有带珍妮出门，珍妮已经退役三天了。

珍妮10岁，微胖，作为一条拉布拉多犬，已经可以称为老态龙钟了。它是中国第18条毕业的导盲犬，1岁之前寄养在大连导盲犬训练基地的志愿者家中，随后回到基地完成了21个月的导盲训练。

2010年毕业后，它成为钢琴调律师陈燕的导盲犬。

珍妮可能是中国知名度最高的明星导盲犬，曾在2010年的上海世博会展出，出席同年的广州亚残运会，能听懂汉语和英语双语指令，在微博上有十多万粉丝。

按照国际惯例，珍妮服役期满后，应该回到寄养家庭。两三年前，寄养家庭就旁敲侧击地提醒陈燕，珍妮该退役了。陈燕嘻嘻哈哈地应着，知道对方心疼珍妮，想赶紧把珍妮接回家去过退休生活。但陈燕有自己的小算盘，她想把老去的珍妮留在身边。

算起来，珍妮是基地正式履行退役程序的第三条犬只。陈燕一开始是坚决想留下珍妮的，她经济条件不算差，能够养活珍妮。

2018年7月，珍妮过完10岁生日，退役正式提上日程。

陈燕想让珍妮自己选择退休去处。

除了最初的寄养家庭，珍妮在导盲犬基地的训导师付明言也想陪珍妮度过生命最后的时光。付明言是中国首批导盲犬训导师之一，纯粹因为喜欢和狗相处选择了这份职业，珍妮是他亲手训练成功的第一条导盲犬，他现在还记得珍妮刚刚从寄养家庭回到基地时，"只要醒着就没有安静下来的时候"，几乎是整个基地最调皮的狗，还曾半夜翻出犬舍去偷狗粮。

这么多年，其实陈燕经常带着珍妮回大连去看望寄养家庭和付明言，但大家的确在暗暗较劲，都想陪伴珍妮的最后时光。陈燕最后决定让珍妮自己选择。那是一档电视台节目，节目最后的环节是陈燕自己提出来的，就是陈燕、寄养家庭女主人和付明言站在一起呼唤珍妮，由它自己决定选择谁。通常来说，导盲犬对最初的寄养家庭感情最深，陈燕却觉得自己胜算更大，毕竟她和珍妮在一起8年了。

付明言觉得这个环节不公平，珍妮在寄养家庭过的是最无拘无束最快乐的日子；陈燕也很宠珍妮，给珍妮喝水，从来都是用杯子倒在手里喂它喝，出门住宾馆，陈燕也一定会先拿出专用垫子，再让它趴下，怕珍妮着凉。相比而言，和付明言共度的时光，珍妮更多处在高强度训练中。付明言觉得，自己没戏了。

在戴上导盲鞍的工作状态下，珍妮通常只听从陈燕的指令，节目当天取下了导盲鞍。

结果出乎几个人的意料，在三任主人的同时呼唤下，珍妮兴奋而困惑地在三个人之间绕来绕去，最终没有确定选择谁。王靖宇（大连医科大学动物学比较医学教授，也是大连导盲犬基地的创始人）说，当时的情况是，珍妮很难真的完全理解，那一刻它就是在为自己的余生做选择，它是因为自己的本能而犹豫不决，它并非完全不懂。

2018年12月17日，陈燕亲自将珍妮送回大连后，陈燕和珍妮在一起继续待了几天。她们依然每天早上7点起床，然后一起遛弯儿。

出发之前，陈燕把珍妮的所有东西都打包送到了寄养家庭，帐篷，宠物车，很多的裙子、配饰和玩具球，陈燕唯一留下的是一件导盲服。她还列了一大张单子，列举了珍妮的将近20个生活习惯，并嘱咐寄养家庭每天早饭后，要用专用纸给珍妮擦耳朵、屁屁；指出珍妮喘粗气但不露出舌头，不是在散热而是有了需求……陈燕自称是珍妮的妈妈，某种程度上，除了导盲之外，珍妮的确给她带来了新生。陈燕是先天性白内障，无法通过手术恢复视力。早在珍妮陪伴之前，她就成为中国首位盲人职业钢琴调律师，在按摩之外为盲人开辟了新的就业路径。得益于从小的训练，陈燕有强悍的定向行走能力，在没有导盲犬的辅助下，也曾独自穿梭在北京的大街小巷上门为客户服务。

2010年，陈燕出车祸，彻底失去光感，再也不敢像以前一样独自出门。随后，在家人的提议下，陈燕向大连导盲犬基地申请领养一条导盲犬，获得批准后，陈燕和珍妮在基地互相选中。对陈燕来说，一条导盲犬最初带给她的吸引力，很大一方面来自对隐私的最大保护，因为陈燕是一个有着强烈自尊且勇于尝试的人，她希望能够最大限度地过上普通人的生活。

在随后的相处中，陈燕教会了珍妮更多的技能，比如带领陈燕去超市购买陈燕日常喜欢吃的食品，在机场带领陈燕到行李领取处取行李。

在陈燕的记忆里，珍妮和她算是生死之交。第一次是她俩还在配合训练过马路时，一辆货车闯红灯，陈燕听见声音吓得呆立在原地，她放开牵引绳，让珍妮跑，结果珍妮在原地一动不动地陪着她。最后，大货车在离他们两米远的地方停住了。还有一次，珍妮在小区里撞开了陈燕，自己却被一辆电动三轮车撞伤了。

基于"职业习惯"，保护主人是很多导盲犬都会做的事情，但珍妮带给陈燕的是用陪伴让她走向了更广阔的生命境域。在得到珍妮之前，陈燕的生活比大多数盲人更丰富，但也局限在钢琴调律这一狭窄领域，她的生活半径也主要框定在北京。得到珍妮后，陈燕最开始只是欣喜地试图让珍妮带领她乘坐公共交通工具，进入银行、饭店、商城等各种各样的公共场合，随后，她和珍妮开始遭遇漫长的拒绝。

陈燕频频提到的拒绝来自天通苑地铁站，她说这是珍妮最讨厌的地方。陈燕的家就在离天通苑地铁站不到10分钟步行距离的一个小区里，当初买房子就是考虑到乘坐地铁是对她最友好的出行方式。但根据陈燕的统计，珍妮在天通苑地铁站曾遭遇过11次拒绝，以至于后来，珍妮再也不愿意上这个地铁站了。随后，经过陈燕、珍妮以及北京另外几位盲人和导盲犬的宣传推动，2015年5月1日，正式实施的《北京市轨道交通运营安全条例》规定，导盲犬可以进入北京地铁，视力残障者可携带导盲犬进站乘车。

这几年里，她带着珍妮走遍了许多省份，她说，"珍妮喜欢旅游，喜欢陌生的地方"；她给珍妮开了微博，最开始每发一条微博就需要三四个小时，现在，她为珍妮攒下了十多万粉丝；她带珍妮上节目、出入各种公共场合，还先后为大连导盲犬基地募捐了超过20万元。

我问陈燕："如果要总结珍妮带给你最重要的一点，那是什么？"她说："更广阔的自我。"

我又问："那你为什么还愿意让它回到寄养家庭？"她说："爱就是要放手。"

两只羊的细节

□许登彦

> 在羊圈里,一黑一白的两只绵羊,就像凝固的黑色白色的两片云朵。

在村子里,我遇到了两只羊,这是两只有思想的羊。当我的眼神和两只羊的眼神纠缠在一起的时候,我知道两只羊在村子里注定要发生点儿什么。

这是一个很小的村庄,是我出生直至长大的地方,埋藏着我的童年全部的记忆,对于它我再熟悉不过了。那是五月一个鸟鸣清亮的早晨,我在小小的村子里走着,四处游离的眼神仿佛在寻找某种曾经丢失的东西。在路过一家哈萨克牧民简陋的院子时,我注意到,大片大片金黄色的阳光正均匀地铺陈在这家哈萨克牧民房屋斑驳的墙壁上面。

牛哞,马嘶,犬吠,羊咩,鸡鸣……这些属于一座院子的声音,开始在弥漫着潮湿动物粪便气味的空气中沸腾,此起彼伏的动物大合唱,像一条河流在村庄的上空涌动。这些声音对于这些动物的主人——哈萨克牧民来说,却是一首无比动听的音乐,是小村子里他们这些半耕半牧的民族生生不息的源泉。

这个时候,我看见在院子的东南一隅,一个小小的羊圈,由许多树木和树枝搭建、围成的一个不规则的多边形羊圈。从羊圈树枝间较大的缝隙里,伸出一黑一白两只羊头,羊的上下颚有规律地蠕动着,弯曲的羊角也伸出羊圈外。它们用四只闪闪发光的眼睛与我长久地对视。在中国西部的村子里,这是两只再普通不过的绵羊。在羊圈里,一黑一白的两只绵羊,就像凝固的黑色白色的两片云朵。

这时,屋门吱呀一声打开了,一个身穿花裙子只有六七岁的哈萨克小女孩,蹦跳着从屋里跑了出来。

她的出现,仿佛黄土地钻出的嫩绿草芽儿,顿时点亮了村庄五月的天空。

小女孩跑到羊圈门口,她的小手笨拙地打开羊圈的门,头顶长着高高羊角的一黑一白两只绵羊，一前一后像举着两把利剑通过了羊圈的门。

两只绵羊在院子里洒满阳光的空地上开始了悠然自得的散步。它们用眼睛同院子里其他囚禁的动物交流、对话。

在它们走过的空地上，一路潇洒地留下一些精致的黑豆豆，这是两只羊的杰作。

一黑一白的两团羊尾巴，臃肿而蓬松，就像中世纪欧洲贵族少妇头顶上高高耸立的发髻，因此两只羊悠然自得的散步显得极富教养。

两只绵羊在院子里逛了一圈，开始向院门口走去，哈萨克小女孩急忙跑到院门口，她用镀满金色阳光的小手挡住了羊的去路，一黑一白的两只高贵的羊在原地站住了，它们用四只清澈明亮的黑眼睛盯视着小女孩，眼神里闪过一丝愤怒和挑战的光芒。

短暂的几十秒钟过去了，两只羊开始低下高贵的头颅，四只前蹄优雅地在地上刨了几下，把头顶上天然生长的两把利剑对准了小女孩，小女孩笑嘻嘻的，脸上笑成了一朵花。年少无知的小女孩无法估量这件武器的厉害。

"噢……噢……"这时，院子里传来一串尖锐的喊声，这是小女孩的父亲，一位强壮剽悍的哈萨克男人出现了，他用喊声对两只羊的冲锋发出了制止的命令。

两只羊愣了一下，相互交换了一下眼色，开始向哈萨克男人冲去……哈萨克男人用宽厚的手掌挡住了两只羊的冲锋和进攻，一黑一白的两只绵羊重新回到了属于自己的羊圈。两只羊以一种极其优雅的姿势躺下，开始进入另一段静谧的休憩时光。

而关于这两只羊的有趣细节被一阵风儿带走了，院子里除了留下一些精致的黑豆豆外，仿佛什么也没有发生过一样。

亚洲狮的困境

□袁 越

> 事实上，古罗马斗兽场上的狮子大都来自西亚，欧洲角斗士们是在和亚洲狮做生死搏斗。

提起狮子，多数人只会想到非洲，但其实狮子直到10万年前还是地球上分布范围最广的大型陆地动物之一，足迹遍布全世界。随着人类走出非洲并迅速扩张，美洲、欧洲和东亚的狮子先后遭到灭绝，南亚和西亚则直到数百年前还一直有狮子活动。事实上，古罗马斗兽场上的狮子大都来自西亚，欧洲角斗士们是在和亚洲狮做生死搏斗。

亚洲狮虽然杀死了不少角斗士，但最终还是败给了人类。目前全亚洲只有印度还能找到野生的亚洲狮，它们全都生活在位于古吉拉特邦的一个名为"吉尔"的野生动物保护区内。2017年进行的一次狮群普查显示，该保护区内生活着大约600头狮子，种群数量基本稳定。

2018年9月，有人在保护区发现了两头幼狮的尸体，虽无明显外伤，但保护区工作人员坚持认为这属于偶发事件，不值得大惊小怪。没想到，此后的3周时间里保护区内陆续发现了23头死狮，其中7头死于保护区东南角的一小片森林内。这下官方无法再用"自然原因"来解释了，只能立刻采取措施，将那片森林里剩下的19头狮子全部抓住并隔离起来。两个月之后，这19头狮子中的16头也死了，只剩下3头还活着。

尸检显示，一种名为"犬瘟热"的病毒（CVD）很可能是罪魁祸首。那场"狮瘟"杀死了1000多头非洲狮，大约相当于塞伦盖蒂大草原狮群总数的30%。随后进行的DNA测序结果证明，此次印度犬瘟热病毒和上次东非流行的犬瘟热病毒属于同一个品种，很可能就是从东非传过来的。

看过《动物王朝》的读者一定记得，狮子是群居动物，吃喝拉撒都在一起，所以传染病很容易在狮群中传播开来。吉尔保护区的狮群密度又非常大，危险系数就更高了。该保护区的总面积只有1400平方千米，专家估计最多只够养活300头狮子，但目前的密度是这个数字的2倍，属于严重超载。

这个状态之所以还能维持下去，主要原因在于保护区周边居民饲养了很多家畜，它们为狮子提供了一个相对稳定的食物来源。

可问题在于，家禽家畜一直是传染病最主要的源头，不但人类传染病如此，狮类传染病也一样。这个"犬瘟热"很可能来自印度村民家里养的狗，这些喜欢到处乱跑的家狗一直是亚洲狮的重要食物来源。

还有一个危险因素值得一提，那就是亚洲狮的免疫系统很可能出了问题。吉尔保护区建于20世纪初期，当年有位库曾勋爵来吉尔森林打猎，发现这里居然还有活着的亚洲狮，但总数已不足20头，这位英国贵族建议当地土司立即建立保护区，这才保住了亚洲狮最后的香火。由此说来，今天的这600头亚洲狮都是当年那十几头狮子的后代。早有研究显示，近亲后代的免疫系统往往有缺陷，对传染病的抵抗力很低。

为了保护亚洲狮的基因纯洁性，我们不可能通过引入非洲狮的办法来增加遗传多样性，只能想办法改善它们的居住环境，避免被某个突发事件一锅端。事实上，吉尔保护区早就不堪重负，狮子们经常跑出保护区，骚扰周边村子里的老百姓。仅在2016—2017年，就有7头狮子被村民安装的电网电死，6头狮子被火车撞死，还有13头狮子掉进井里淹死了。再加上其他原因，两年来一共有184头狮子因为各种非正常原因而死亡。

为了防止出现意外，国际动物保护学界一直呼吁将亚洲狮引入周边一些省份，印度北部的几个自然保护区也早已做好了接收的准备，但古吉拉特邦政府一直将亚洲狮视为该邦的骄傲，拒绝将亚洲狮迁往他处。

在环境和政治的双重压力下，亚洲狮身处困境，不知能否挺过这一关。

你永远是我心中最伟大的武林盟主

□ 猫 河

> "你永远是我心中最伟大的武林盟主，千秋万代，一统江湖。"

外公的孙辈中只有我一个女孩。在所有人看来，外公对我的关怀宠溺及我的乖巧懂事都堪称天伦之乐的典范。但只有我们自己明了，我们不过是由一个早熟得毫不可爱的臭丫头和一个世界观极为诡异的怪老头组成的"失意阵线联盟"。

小学一年级时，外公因为我第一批入选少先队，奖励我10块钱，让我"随便花"。我刚把钱揣进校服口袋，那个从来不乐意搭理我的大表哥就拉住我攀谈了半个小时的人生理想。他拍屁股走人后，我还没焐热乎的钱也随之不翼而飞。我翻遍全身衣服口袋都没找到那10块钱，最后自责地大哭。

外公安慰我说："不怪你啊，我刚在屋里看得清楚，你哥把钱顺走了。"

我说："那你帮我要回来。"他说："你哥现在每顿吃两碗米饭还要加个馒头，咱俩谁也打不过他。"

我说："那你就再给我10块钱。"

他说："美得你，甭想！"

我狠捶着他大喊："你不是我亲外公！你一点儿都不疼我！"

他笑着用手握住我的两个拳头："咱俩谁跟谁啊，用得着沾亲带故那种劳什子吗？走，外公给你买冰糖葫芦吃！"

我上小学二年级那年，外公在上班路上被摩托车撞折了腿。他好心放走了肇事者，自己承担了所有医药费，还落下了右腿的残疾。第一次去医院探病时，全家人围坐一圈不停地数落外公，我则举起病床边的拐杖，做步枪状把他们都"突突"了，然后趴在外公身上对他说："以后你坐公交车，那帮小子都得给你让座了。"外公抱着我哈哈大笑："这是我亲孙女啊，真懂我！"

四年级时，我迷上了武侠小说，外公便租来《倚天屠龙记》的录像带，整夜整夜地陪我看。我说杨不悔和张无忌才应该是一对儿啊，名字多配！他说他最喜欢灭绝师太这个爱憎分明的老太太。

我披着毛巾被，高举起他的拐杖，说我长大后要当武林盟主。外公严肃地打量着我："江湖险恶啊，你只是个丫头……但你比张无忌那优柔寡断的性子强多了！"我的整个小学时代，妈妈始终深陷在漫长的产后抑郁症中无法自拔，爸爸则长年在边疆戍守，我的家庭形同虚设，但好在还有外公，他让我那和同龄人毫无共鸣的童年充盈无比。

初一那年，爸爸带着满身的伤病退伍归来，曾经的战地阴影与当时事业的不顺让他开始自暴自弃，整日在家里上演"全武行"。

畸形的家庭让我比同龄人更早地渴望一份浓烈感情的出现。初二上学期，我把刚刚向我告白的男同学领给外公看，他正眼也没给人家一个，用剪刀修着盆栽，随口扔给我一个"祝福"："先玩着吧，反正初恋都没有好结果，早晚得散！"

外公一语成谶，一个月后，我便在吃路边摊时看见那个男同学骑自行车载着新女友从我身边呼啸而过，连个解释也没有。

17岁那年，我又恋爱啦！这次相隔很远，我自然无法把我的新男友领回家给外公看，于是我每次给外公打电话时都要使劲夸他好、夸他帅。但外公的"祝福"依然毫无创意："先玩着吧，反正大学谈恋爱都没有好结果，毕业就散！"

后来我发现，外公的"祝福"其实比现实要乐观很多。

时至今日我都想不通，我在有一个那样的父亲之后，为什么还要去找一个这样的男友——高大帅气，人前温柔洒脱，但私下有一颗毫无安全感的心，敏感、多疑、暴力……相处半年后，我忍无可忍，向他提出分手，他竟也像我爸当年一样以死相逼。

大四上学期，我整整一个月没有打通外公的电话。在一种不祥的预感下，我赶回了家，得知外公刚刚经历了一次严重的中风。

大家都说外公傻了，什么都不记得了，整天疯疯癫癫像个老小孩。确实，他连我都忘了，我刚一进屋，他就流着口水问我："你是不是村头郭家大嫂子？"还缠着我，让我给他买麦芽糖吃。

闹了一番，他被护工抬回床上，我忽然在他眼中看到一丝闪光，觉得事情有点儿可疑。

于是我坐到他床边，慢悠悠地给他讲了个故事：

有一家医院有四个大夫，一个整日大笑，一个整日叹息，一个脸上整日洋溢着欢快，一个整日哭丧着脸，他们就是"狂笑医生""长叹医生""快活医生"和"悲哀医生"。

果然，他听我讲到最后有些绷不住了，瞅瞅四下没有人，瞬间卸下了那副痴呆的表情，伸手刮刮我的鼻子："你这笑话冷得我起了一身鸡皮疙瘩。"

"为什么要装傻啊？想要吃糖我给你买啊！"我问他。

"人家老了，人家活累了，人家想耍赖了，不行吗？不行吗？不行吗？"

这话傲娇霸气且内力十足，我赶忙点头如捣蒜，高呼："行行行！"他又说："你也耍耍赖吧，你幼年深得我真传，武艺高强，如今正是出关闯荡江湖、游戏人生的好时候，对你以后当武林盟主有好处。"

回到学校，为了躲避爱情恐怖分子般的男友，我开始整日待在实验室里给老师打下手。有一次，我连熬两个通宵，靠冷水冲头强打精神。路过水池的老师看到我那副落汤鸡的样子，回头对我说："下星期我要去北极科考，你给我当助手吧。"

我甩掉一头水珠，狠狠地冲老师点了一下头。一周后，我便淌着鼻涕，在破冰船的甲板上瑟瑟发抖。

我20岁生日那天，正是北极圈极夜的最后一天，也是考察船因故障被困的第15天。那时，雷达失灵、通信阻断、弹尽粮绝，船长鼓励我们说熬过这一夜就可以看到绿光，可连续几天的滴水未进、粒米未沾与超低温环境，还是让我在凌晨时分陷入了间断的幻觉与昏迷。

恍惚中，我看到外公周身环绕着绿色光芒而来，他身披毛巾被，手执拐杖如宝剑；他的右腿也不跛了，灵活地踩着广场舞的欢快舞步，边跳边大声唱着《倚天屠龙记》的主题曲："来也匆匆，去也匆匆，恨不能相逢；爱也匆匆，恨也匆匆，一切都随风；狂笑一声，长叹一声，快活一生，悲哀一生……"

"好了好了，医生来了，别怕。"一个操着港台腔的男人笑着把我扶起来，慢慢地喂我葡萄糖。船舱里救援人员都在忙碌，我缓过劲儿来，问那人绿光出现了吗。他说出现了，就在我大唱着"狂笑一声，长叹一声……"的时候出现的，特别漂亮。说完，我们一起哈哈大笑。

生死濒临的那一刻，外公为我唤来了绿光，还唤来了一个和他一样既不高也不帅，却能听懂我冷笑话的男人。

通信修复后，我接到妈妈的卫星电话，她说外公在我生日的那晚去世了。

21岁那年,"医生"陪我回家乡祭拜外公,外公简单的墓碑上只刻着一行字:前武林盟主之墓。

旁边的墓场工作人员指着墓碑解释说:"这是那个怪老头自己要求的,还威胁我们说,若不照做就变成鬼天天缠着我们。"

我蹲下,摸着墓碑上刻字的凹槽,小声说:"外公,别听他瞎扯,你永远是我心中最伟大的武林盟主,千秋万代,一统江湖。"

高原神犬

□马文秋

> 至于扎拉为什么如此聪明,谁也解释不了,也许它曾经目击过狼群的围猎吧!

海拔4500米以上的青藏高原无人区,空气稀薄,含氧量只有平原地区的一半,是名副其实的世界屋脊。我风餐露宿,独自在公路上骑行了10天,觉得有些累了,就停下来坐在路边休息,眼前是苍茫的荒滩,蓝色的天空中飘荡着朵朵白云。

我正有些浮想联翩,无意间回头一看,突然发现一个黑影正在向我跑来!我看出,那是一条藏狗。它大口呼着白气,身体似乎还有些发抖,也许是很冷的缘故吧。

我们四目相望,都没出声。它也不认生,继续向我走来,眼睛里似乎有乞求的意思。我对狗这种动物十分喜欢,没有犹豫就掏出半块饼,扔到它面前。它闻了闻就大吃起来,很快吞下去。看得出,它确实十分饥饿。

我又给了它一些吃的,看它吃完就转身继续骑行,却惊讶地发现那条狗在跟着我走。骑了几百米,它仍然在后面跟着。就这样跟了我几千米,我觉得还怪有意思的。

晚上宿营吃晚饭时,它还是在我旁边转,我们逐渐熟悉起来。夜里它还给我站岗放哨。早上起来一看,它依然趴在外面,见我出来,仿佛很开心,不住地摇尾巴。我也很高兴,走过去,抚摸它的脑袋。

我给它取名叫扎拉。

这天,我跟扎拉来到一片湖区,湖水已经结冰,天空很蓝,这里地势相对低,风也不大,周围特别美,经过几天的相处,我越发喜欢扎拉,我决定改变计划,不再骑行,就在这里扎营住下来,尽量多陪陪扎拉。

这天,我和扎拉发现附近有一座土房子,距离湖岸不远,可能是牧民夏季放牧用的，我决定过去看看。突然，扎拉停了下来，向远处张望，我知道有情况，急忙也顺着它的目光看，只见一个黑影正跑过来，原来是一头牦牛，我放下心来。

扎拉十分紧张，开始吠叫，很恪尽职守的样子。

牦牛越来越近，我开始有些惶恐了，因为它的个头特别大！我猛然意识到，野牦牛的目标果然就是我！我急忙发疯般跑向那个空房子，倒霉的是，房门竟然锁着，我猛推了一下，进不去。好在房子并不高，情急之下，我猛地一跳，手脚并用，一下子爬到房顶上。

野牦牛已经冲到房下，瞪着血红的眼睛，冲我怪叫，突然用硕大的牛角猛顶墙壁，一下就顶了个大口子。野牦牛又继续乱顶，一面墙很快就要被顶倒了！当两面墙都要被撞倒的时候，房顶没法待了，我只能从后面跳下去。脚一落地，我仿佛能感受到死神的逼近。野牦牛一点儿也不傻，见房顶上没我了，就开始寻找，我只能围着房子跑，好几次差点被撞到。我在它面前显得特别小，恐惧可想而知，它的大眼睛竟然是红色的，如同恶魔。

扎拉没有逃走，一直对着野牦牛狂吠，突然，扎拉趁野牦牛不备，用爪子从侧面在它的鼻子上猛打了一下，然后迅速跳开。牦牛的鼻子十分敏感，立即疼得惨叫起来。我不由得为扎拉大声叫好，这一举动太勇敢了。突然的袭击，很有效果。

野牦牛转移了目标，朝扎拉猛扑过去，扎拉在前面跑，野牦牛就在后面追。野牦牛步子大，速度很快，扎拉跑不过它，但扎拉很聪明，在快要被野牦牛顶到的时候，就来个突然拐弯，让野牦牛扑空。

野牦牛气急败坏，死死盯住扎拉猛追乱顶。野牦牛的耐力太强了，扎拉却逐渐有些体力不支，有几次稍微慢点儿，被角尖划到。

我惊呆了，心如刀绞，发出愤怒的咆哮，扎拉在向那个湖跑去，离我渐渐有些远了，它想把野牦牛引远些吧？多好的狗！我决心跟扎拉一起战斗到最后一刻。

在临近湖边时，扎拉又成功地甩开了一点儿距离，顺利地跑到冰面上。暴怒的野牦牛盯住扎拉，疯狂地冲过去，速度相当快，似乎想一下把扎拉挑到天上！

扎拉已经在结冰的湖面上跑出十几米，白蓝的冰面上留下一道殷红的血迹。

野牦牛冲上冰面，我抓起几块石头，也扑过去，准备打出这愤怒的"炮弹"。

但是，我没有想到，野牦牛刚上冰面，就猛地跌倒，巨大的身体由于惯性而向前翻滚滑行。它应该是完全没预料地摔了个嘴啃冰！

这家伙刚才在地面上虽然有时略显笨拙，脚下却极其稳，它的蹄子构造特殊，据说爬崎岖的山路也如履平地。但是到了光滑的冰面上，情形完全变了，这下它摔得极重。如果不是皮厚，摔得骨折都有可能。它一时也站不起来，如同杀猪般怪叫着。须臾间，强大的敌人倒下了，我又看到了生的希望。

"扎拉，快回来！"我大喊。扎拉听到了，没有理会野牦牛，向我跑来。野牦牛当然只能眼睁睁地看着。我也迎着扎拉跑过去，我的手触摸到了它的脖子，看着它的眼睛，我的眼泪不禁掉下来。我迅速用衣服为它包扎了腹部的伤口，一下子把它抱起来，往帐篷跑去。不知当时我哪里来的那么大的力气。

回到帐篷，我立即打开急救包，为扎拉疗伤。它伤得很重，但好在抢救及时，我的经验也算比较丰富，我为它清理伤口，并上了药，进行缝合。扎拉十分坚强，没有大声呻吟。

一切都处理好了，我收拾好东西，带着扎拉迅速往公路上走。距离公路不远处竟然有一处牧民的房子，冒着炊烟，这简直是奇迹，老天有眼！我急忙过去求助，大部分当地人都是十分善良好客的。

男主人会一些汉语，听懂来意，马上帮我把扎拉抱下来。经过一番检查，他告诉我，伤口处理得很好，只要保证营养，好好养着就行了。

男主人给我喝了酥油茶，我这才慢慢讲起了刚才的事，他听了也十分惊讶，连连惊叹。男主人说："真是一条好狗！它是上天赐给你的礼物，太难得了！它不但勇敢，还聪明出众，知道把牦牛引到冰面上，这是唯一能对付野牦牛的办法。狼群就是这么做的，否则根本不可能吃到牛肉！"

至于扎拉为什么如此聪明，谁也解释不了，也许它曾经目击过狼群的围猎吧！

西藏牧民的淳朴善良真是名不虚传，多亏他的帮助，十几天后，扎拉的伤口终于慢慢好了，幸亏没有伤到骨头。

为了陪扎拉，我已经不去想外面的世界。然而，我无法一直留在这里……

男主人十分欣赏和喜欢扎拉，经过商量，我把扎拉托付给他。他表示，一定会好好照顾扎拉。我请求他给扎拉充分的自由。

这天，扎拉又到远点儿的地方散步晒太阳去了，我急忙收拾好东西，把一些钱留给好心的牧民，接着就跳上车骑行起来。刚骑一会儿，我听到了熟悉的叫声，回头看，是扎拉，它从远处奋力朝我跑过来。看着它的身影，我的泪水夺眶而出……

「我心温柔，自有力量」

生活不会更容易，但你可以更强大。
找到属于自己的幸福方式，
愿你有能力爱自己，
有余力爱别人。

内向者的社交技巧

□ Harps

> 内向者受不了别人机关枪似的话语，外向者也受不了一串话抛出去对方只是嗯嗯啊啊。

最近《自然》杂志上刊登了一篇文章，指导科学家尤其是内向的科学家如何提高社交技巧。科研工作领域的内向者较多，可能是因为不爱说话，总是躲在电脑后面或者工作台前，常被认为缺乏社交能力。与之相反，那种见了谁都能热情打招呼主动聊几句、在饭局上嗓门最大、酒吧里喝得最多的人，可以被称为社交专家，在人多的场合常常负起活跃气氛的重任。

这种判断有一个问题是，内向者和外向者对愉快交谈的评价标准不一样。内向者受不了别人机关枪似的话语，外向者也受不了一串话抛出去对方只是嗯嗯啊啊。好像是北野武的电影《花火》里，夫妻二人相处的镜头里几乎没有对话，但他们下棋时的动作处处显示出默契的恩爱。常看黑帮片的人也有经验：如果双方对峙，出来一个咋咋呼呼的人独白半天，离血溅三尺子弹横飞就不远了。内向者和外向者之间不一定没有和谐的社交，只要双方有共识就好，一个兴高采烈地说，一个全神贯注地听，最后相视一笑。

一堆内向者在一起工作，他们之间也会正常交流。有个著名的笑话："外向的工程师是什么样的？他们跟你讲话的时候，会望着你的鞋子而不是自己的鞋子。"内向的人在一起，如果关系好，也能营造出一种谈笑风生的气氛。但是这种气氛只要有一个生人不经意走进来，就会像肥皂泡一样破灭。他们会迅速安静下来，赶快把放飞的自我收回壳子里，忽然开始做手边没做完的事。陌生人是对内向者的最大考验。一个陌生人出现在一堆科研人员的办公室，还没开口问找谁，所有人都会紧盯屏幕，加快键盘敲击速度，暗暗祈求陌生人要找的不是自己。内向者并不一定是粗鲁厌世的人。如果真的需要交谈，内向者也能很好地进行一场对话，既有耐心又有礼貌。只是跟陌生人谈话好比一万米长跑，会耗费他们许多能量，因此能躲就躲。

《自然》杂志给科研领域的内向者的社交技巧大概有：如果有特别想与之谈话的人，事先要准备好话题，向此人介绍自己是谁，做哪方面的工作；对对方的工作有哪些了解。更实用的是准备好几句轻松友好的话来启动与陌生人的对话，也准备好几句话自然而然地退出一场火候已经差不多的谈话。我觉得科普类杂志比如《新科学家》也该向外向者介绍一些与内向者社交的技巧，比如当内向者在看着自己的鞋子时，不要强迫他们进入一段对话；他们在沙发上独坐而你也想坐下来歇歇的时候，尽管坐下就好了，不必开口说话。内向者会默默地热爱你的。

狭小空间里，才挤得出真友谊吧

□张佳玮

> 在这种沙丁鱼罐头的景况中挤出的友谊，真所谓祸福共享了。

人类都有在一个半封闭空间里给自己找落脚处的潜在欲望。等车不来，心悬半空；真坐进车厢，放稳了行李，占定了位置，无论是坐是站，便像暂时安了家，无论旅途长短，仿佛可以这么过去一段儿了；要换乘时便大不乐意。

车厢就这么好玩：明明人在位移，却还能与人休息。而且蹲了一段时间，就觉得像另一个家。

我爱坐火车，乃是出于胆小。小时候想象力丰富，总觉得坐汽车会翻，坐轮船会撞冰山，坐飞机虽然少出事，但是一出事就没得缓。火车多好，看这大闷罐子，根基坚固，跟铁轨严丝合缝。坐长途车，睡卧铺，更像是临时住店，火车左右的坐伴是旅途的一部分。健谈开朗的往往几句话你来我往就能混熟，趁着塞箱子的工夫已经形同莫逆。火车上的人都下意识地有着交流的欲望。在几个小时中这是彼此的家。不拘天南地北，随口扯几句，往往有因缘。

我从拉斯佩奇到罗马的列车上，见过一对老夫妇——老阿姨手持一篮樱桃，老伯伯手持一本杂志。那对意大利夫妇只会意大利语，听不懂英语或法语。但太热情了，又爱打手势，终于在下车的时候，我已经知道了老阿姨叫弗洛达，而且吃光了她的樱桃；知道老伯伯叫弗朗切斯科，是在都灵工作的菲亚特工程师。我把在威尼斯买的玻璃瓶送了一对给他们，弗洛达在我脸上亲了许多下；回巴黎之后三个星期，我还接到弗洛达寄来的火腿。

2006年夏天，我坐卧铺自上海去乌鲁木齐，是我乘坐过的时间最长的列次。第一个24小时过去后，沿途都是沙漠。日出日落时，大漠如玫瑰色，天空不断呈现红紫金蓝诸色，映得书页五彩。真有人跑到洗手间去，就着窗口拍照的——火车车厢窗密封，唯洗手间窗户可直接见到外面——而外面真有急着方便的，急着狠敲门："快出来，我们要办正事！"

车在大漠里走，也有不方便之处：那是2006年，当时大家的手机都没信号了。先前列车长跟我们说，上海到乌鲁木齐，48小时，"过了达坂城的风车，就差不多该到了"。然而当日我们过了达坂城的风车，过了48小时，车依然不停，问起来，老出差的诸位一脸淡然，"晚点六七个小时是常事！"

那时正值世界杯，坐长火车的诸位球迷，如陷孤岛，都无比关心球赛战报。

不知从哪儿传起了流言，说餐车有电视，手机可以收到信号。大家一起到餐车门口，探头探脑，一旦确认有电视看，就准备花点钱进去连吃带看了。正扒门呢，餐车师傅到门口，吼一嗓子："阿根廷6：0赢了塞黑！"——我至今不知道他是怎么晓得这比分的。

大家集体呼叹几声，有的是释然，"阿根廷赢了！"（那年阿根廷球迷很多，那是里克尔梅的黄金年华）有的是遗憾，"可惜没看到！"当然也有两个阿根廷球迷一高兴，"那我们就吃一顿庆祝下！——来个蒜薹炒肉！"经过这一波后，一起去扒车门打听的几位，仿佛都成了哥们儿。到乌鲁木齐，大家还彼此约着："找地方喝酒看球啊！"

坐火车最为痛苦与有趣的经历，是买到一张无座票的时候。我上大学时乘火车，最快乐的时候便是，捏着一张无座票上车，发觉过道里空空荡荡，清清亮亮的。可以在过道一侧靠壁坐下，抽一本书放在膝上慢慢地读。窗外天气晴好，鸟群飞过河流直向村庄翔集。烂漫阳光正落在书页上，飞奔而过的树列，就是书页上不断闪过的鱼鳞似的阴影。

但如果无座时人多呢？嗯，也可以很好玩——尤其是春节回家时，一群人不分贫富地挤在过道里，彼此苦笑。这种时候，友谊就出来了。

仔细想起来，类似于以前筒子楼、男生宿舍里那种拥挤的友谊。

有行李箱的近水楼台往行李箱上坐，没行李箱的视空间宽窄选择直立或者坐倒，还必须时刻注意抽烟的旅客过于激动随手把烟碰到自家衣服上。

在这种沙丁鱼罐头的景况中挤出的友谊，真所谓祸福共享了。

有一次，我坐火车去武汉，17个小时，过道里挤坐的无票仁兄，加我5人。大家商量下，把箱子排摆四角，坐箱子上，有位阜阳大哥很热情："我这几个箱子填得满，坐不坏，大家坐我箱子上！"坐定了，海阔天空地聊天。到饭点儿了，各自掏泡面和火腿肠，满车厢都是浓荤之味；有位苏州跑销售的仁兄便拿出一饭盒卤豆腐干，大家分吃，一位衡阳来的大哥咬一口，便惊叹一声："你们江苏人吃得这么甜！"

  2018年12月10日午后，我坐北京到无锡的高铁商务座，回家去。邻座有位白寸头穿军大衣的老人。大概是儿女为他买的票，他对车上的许多细节不大懂，用方言问列车员：这个按钮是干什么的？这个垫子是用来干啥的？如此云云。

  商务座为了安静，列车员惯常不在车厢里，有事打招呼叫他们即可。那老人两次要上洗手间，并没叫人，独自站起来——他站起来时，我才发现，他左手左腿似乎动不了，靠右手的四脚拐杖撑着，斜身走。我起身，扶着他：开门（移动门，站一刻即开，但他不知道，还在寻门把手），开洗手间门，关洗手间门。等他上完洗手间，弯腰冲水的事，我代劳了。

  他很客气，中间不停地说谢谢，我逊谢几句，彼此无事。

  列车员因不在车厢里，看到我扶老人家出来才发现，事后也谢了几声。老人在滁州站下车时，我扶他到车门口。

  他回头，对我说了一句：

  "同志，谢谢你！"

  ——那是我这辈子，第一次被人称呼"同志"。

喜欢不那么热情的店

□ 肖 遥

> 这家店不因对方是顾客而讨好，也不歧视流浪汉，每个进来的人在他们眼里都是人，他们自己也是。

每逢节日，小区门口面包店的音乐声就会提高几个分贝，我会绕道而行。不光嫌太吵，还因为店员们过分热情令人不适：进门会被店员挡住前路，端着盘子请你品尝现烤的蛋黄酥。谢绝了她的盛情，目标明确地走到面包柜前，戴扩音器的服务员的尖锐声音就在耳边炸开："新出的盆栽蛋糕买一送一；黑森林蛋糕要不要品尝？看看这边的蝴蝶酥、肉松卷、菠萝包……"直到离开，还有一连串鞭炮样的声音追上来。遇到这种追着你形影不离的店家，我都真心想跟店员说："我不过就买个甜点，又不是挑钻石，可不可以放开我，让我安静地挑选？"

身为消费者很难不挑剔商家提供的服务，近之不逊，远之则怨。《追忆似水流年》里提到一位过于冷淡的餐厅经理，普鲁斯特挖苦道："是一个人忘不了自己的身份而表现出的矜持，抑或是对一个无足轻重的顾客的蔑视。"够刻薄了吧？还没完，不撂狠话的普鲁斯特不算补刀王："对一些重要的客人，他鞠躬时亦会同样冷淡，但是腰会弯得深一些，毕恭毕敬，垂下眼皮，好像在葬礼上站在死者父亲面前或圣体面前一样。"

也许，我想多了。消费者面对的不过是一台服务机器，冷淡或热情不过是服务的一项指标，均可调试、修改、升降。小说《我曾伺候过英国国王》里布拉格郊区的宁静旅馆，就揭开了服务业背后的商业运作套路：一到晚上，整个旅馆便像上了弦的弓样蓄势待发：负责服务的侍者们，既不能坐，也不能靠着站，只能反复整理东西，或轻轻地挨着茶几站着。当远处响起汽车行驶的声音，音乐响起，餐厅侍者立即将餐巾搭在袖子上，挺直腰板……

小说《便利店人间》里的店员惠子，就是便利店这台服务性大机器上一枚最标准化的零件。她很满意自己的零件功能：客人来结账，她会看着客人的眼睛微笑并行礼，把热冷物品分开装，拿素食类商品会用酒精消毒双手……对完全不理解人间规则的惠子来讲，秩序井然的便利店反而是一种治愈，她没有情绪和欲望，不理解人们为何热衷建立亲密关系，同事们为啥要聊八卦，闺蜜们为啥要一起喝下午茶？试图逃离人情世故的牢笼，惠子在常人眼中是个异类，只有顾客把她当作普通店员，保持着礼貌和陌生。

礼貌和陌生，我喜欢。就像我喜欢去的连锁咖啡店，服务一直"不怎么热情"。顾客的咖啡被自己碰洒了，大呼小叫："服务员！快拿抹布过来！"柜台没人理他，他对着最近的工作人员大喊："服务员，我叫你呢，你装没听见吗？"距离最近的一位说"我们这儿没有服务员，只有咖啡师"。这家店不因对方是顾客而讨好，也不歧视流浪汉，每个进来的人在他们眼里都是人，他们自己也是。

我最大的野心，是五官端正

□陆 某

> 这是为了取悦自己，这也是我最大的野心。

1

4月7日下午，我在手机上看到某单位发布的一则新闻记者招聘消息，滑到最后却是一阵悸动。应聘要求的第4条写着："身体健康，五官端正，普通话标准。"我相信，这是绝大部分人都有足够的底气点头的一条基本要求。但我是一名先天性唇腭裂患者，"五官端正"这四个字对我来说就是一道坎儿。至少在这一点上，我就是属于那种表演还未正式开始，就被要求退场的人。

其实我是幸运的，我在3岁之前就接受了两次修护手术。但我的父母，从来没有正儿八经地和我讨论过我的外表，小时候我只认为自己和别人"有点不同"而已。记得小时候长辈们会习惯性地让我张开嘴巴给他们看，然后像临床医生一样弯下腰，尽力地撑大他们的双眼，试图从我的口腔中窥视到一些真相。有时候我父母也会辅以一定的解说，说手术前如何，现在又如何。不过他们最后的结论几乎都是一样的："哦！还是能看到有个缺口的哦，不过比以前好多了。"

对于他们的反应，我从来没有怨恨过，相反，我知道其实他们是关心我的。所以每次他们要我张开嘴巴，我就绝不会闭上。

2

而我第一次真正意识到自己的缺陷，是在中学的生物课上。老师在讲"人类遗传病"那一章，PPT上放了一张婴儿唇裂的图片。前面的一位女同学突然转过头来望着我，几秒后又迅速地转过身去。她似乎是想从现实中寻找一个真实的案例，来消化自己对"多基因遗传病"这一知识点的理解，抑或仅仅是好奇。

但对于生性敏感的我来说，这样的时间其实一秒就够了。

那次月假回家，我第一件事就是跑到楼上的卧室，翻开衣柜抽屉里那张十几年前的住院信息卡——这是一张我见过无数次，却因字迹潦草而始终没读懂过的卡片。我拿着那张信息卡琢磨了很久，终于辨认出"先天性唇腭裂"那几个字。那一刻，我觉得这不仅仅是一张住院信息卡，它更像是一份命运宣判书。从医疗科学的角度，宣告我在生理上必然表现出和普通人的不同。

在此之前，虽然我受过少数同学的嘲笑，或者是被私下冠以"翘嘴巴"的绰号，但是坦白地讲，我很少被排挤和孤立。所以我的压抑，一般来自对自己外表的不自信。

但后来的两件事，彻底把我这种心理的压抑变成了一种现实的压力。

3

高中的时候，政治老师非常喜欢我，若是碰到那些违纪违规的同学，老师也常常把我拿出来当正面例子进行对比教育。在高三的一堂政治课上，我又习惯性地被老师点名答题了。

我自认为很流利地完成了自己的表述，可答题过后，班上一位性格很活泼的女同学开玩笑地说道："你以为你是周杰伦啊，我一个字都没听清！"班上哄然大笑。

我知道他们在笑声中表达了一种共同的感受。可对于口齿不清这件事，它不是学习上的天道酬勤，我一点儿努力的办法都没有。从此之后，我对自己外表上的不自信愈加强烈。即使我有再强烈的表达欲望，也只有在铆足了劲儿的情况下才敢举起自己的手。

固有的生理缺陷时常会从心理上压制我，而且另一旁的我会不断地告诫自己："克制才是最好的表达。"我慢慢养成了一个习惯，每当老师提问后，我必须在草稿纸上迅速地罗列好提纲和要点。这样被老师抽中答题后，我才会感到踏实，不管答题好坏。

即使他们笑，也只能笑我的口齿不清，而不是回答得不好。

高考前，我就决定以后学传媒或法律。所以在填报志愿的时候，把目标确定为"文化产业管理"这个专业，甚至开始和别人兴致勃勃地讨论起它的就业前景。可是有天我在《高考志愿填报指导书》上，翻到了贵州民族大学"文化产业管理"的专业简介，发现它在专业招生说明中，明确地要求"五官端正"。至此之后，我就再也没有和任何人提起过"文化产业管理"这个专业。

后来,我选择了新闻学。但我已经不奢求自己有机会能在电视屏幕中表现自我了。我知道没有哪个电视台愿意要一个五官不端正、口齿不清晰的出镜记者。但不服气的我往往又会在入睡之前,把这种不现实的向往虚构一遍。我经常会把自己的职业形象定位为一名出色的新闻发言人或访谈嘉宾,并且会为自己设定好一个发言议题。我会想象自己在面对各种提问时,应该给出怎样的答案。这种看似是一群人的对话,实际上只不过是我一个人的独角戏。

4

去年年底,当身边的同学忙着最后的考研冲刺时,我已经开始收拾自己的行李打算去青藏地区了。其实我也一直在准备考研,可是那段时间备考压力实在太大,我无时无刻想摆脱身边的一切。我也不是奢求什么心灵解放,只是觉得在青藏高原这种偏僻且陌生的地方没有人认识我。我完全可以从零开始,我能感到自在和舒适。

在西宁,我还尝试去找对口的实习工作,可最后我在酒店待了几天,什么都没有干成。

回程的前一晚,把失眠当成一种习惯的我熬到凌晨3点才睡。第二天醒来,我慌慌张张拖着行李赶往火车站。我盯着那块大屏幕,怎么也找不到我乘坐的那趟列车是在哪个检票口,直到最后听到广播里传来停止检票的声音。我走到大厅边上,不顾形象地一屁股瘫坐下来,想哭却哭不出来,觉得自己莫名狼狈。或许,我所寻求的自由根本就只是一场浪漫的幻想。我不切实际,只顾逃避。

但一想到自己坐了30多个小时的硬座,就只是住了几天酒店什么都没做成,我就觉得自己十分可笑。改签的时候,我决定更改到达站点,回家。

在学校的时候,我拼命地参加各种比赛,加入不同的社团。我在此期间得到许多同学和老师的夸赞,在大家心目中的印象的确会因此变好一些。可是4年下来,我看着那一摞荣誉证书,却发现它们并没有给我任何安全感。对我而言,这些似乎没有什么作用,我还是会觉得自己除了外貌之外,身上还有很多东西不能让自己满意。我发现这些"努力",其实只是我为了填补自己的心虚,用外在的认可与赞扬来安抚自己自卑的手段。到最后却只有一身疲倦,自信并未因此增加一丁点。

5

现在的我,一点儿也不想做不切实际的努力了。我也不想再刻意融入任何一个集体，磨掉内心真正的想法。我前阵子去拍"最美证件照"的时候，摄影师先是很贴心地问我说："你对照片有没有其他特别的要求？"我说没有。

摄影师以为我没理解他的意思，于是他重复一遍说："我的意思是，你的五官这里需不需要帮忙修一下呢？"

我客气地道了声谢谢，说不用。我不会再被外界无限地影响到自己了。在接下来的日子里，我只想以一颗极大的包容心，去接纳一个愤怒与温柔、枪弹与烟花并存的自己。

有些经历或缺陷，别人会觉得没什么。很多人总觉得我太消极、太悲观，说我要对自己自信一点儿，但这种话的说教意味太浓了。他们似乎只关心我"能不能自信"，而对我"为什么不自信"毫不关心。

对于我们而言，"理解"真的太重要了。如果生活还有波澜，我只希望自己有一天能获得端正的五官。这是为了取悦自己，这也是我最大的野心。

坏情绪的保质期

□艾小羊

> 幸福是一个决定，不幸也是一个决定；活在泥沼里是一个决定，把自己拔出来也是一个决定。

作为一个写作者，我最大的乐趣，一是研究人，二是研究生活。而这两项研究，其实都是为了快乐。

最近对人的研究成果是，世上只有两种人，快乐的与不快乐的，或者说幸福的与不幸福的。而这两种人之间的分水岭，不是颜值高低和月薪多少，而是坏情绪的保质期长短。

不幸福的人，坏情绪的保质期超长，有些真能一生一世，让人只想敬而远之。幸福的人，坏情绪的保质期不过十分八分钟，洗个热水澡就又去战斗了。

这个道理其实不难理解。任何人，就算是天仙、富翁，面对的也是苦乐参半的人生，每天睁开眼睛，就有两个选择摆在面前：是想看到真善美还是假恶丑，是选择让自己快乐的那一面，还是让自己愤怒、悲伤的那一面。

年少读亦舒，最喜欢《我的前半生》里的唐晶，喜欢她对罗子君说，你每天只能允许自己抱怨、悲伤10分钟，最多15分钟，今天你的时间用完了。

时间用完了，就要去战斗。当时20岁出头，我对自己的期待是30岁能达到这个境界。

后来发现，只要努力训练，对自己狠一点儿，这个境界并不难。

我有一次比较痛苦的失恋，为什么痛苦呢？因为平时都是我甩别人，那次我被别人甩了。这当然是现世报，但没办法。怎么办呢？我规定自己每天用圆珠笔写一篇日记，日记三五百字，上好闹钟，刚好15分钟。写的时候那叫一个痛哭流涕、肝肠寸断，闹铃一响，我就去洗脸、化妆，打扮得美美的去草地上晒太阳，去英语培训班。

我心温柔，自有力量

为了把自己从悲伤里拔出来，严重五音不全的我连卡拉OK的邀约都来者不拒，并且终于在一次K歌中，认识了后来的男朋友。他是一个很会唱歌的男生，对于唱歌实在太难听却还有勇气去唱的我，因怜生爱。

所以你看，人生不过是一次次决定的总和。幸福是一个决定，不幸也是一个决定；活在泥沼里是一个决定，把自己拔出来也是一个决定。

那些坏情绪保质期特别长的人，往往说，没办法啊，我就是忘不了。其实他们这样说的时候，脸上常有一丝不经意的小得意，好像自己道德感多强，多长情似的。

文艺作品的确喜欢宣扬一种病态的长情和痛苦，毕竟观众的兴趣点永远是看别人活得有多惨。但我们不是演员，更不需要流芳千古，在短短的几十年的生命里，让快乐多于悲伤，把自己从不幸里快速拔出来，是对自己负责，对社会负责。

如果你在工作受挫的时候，无法让自己在10分钟之内整理好情绪、投入新的战斗，你的状态其实没有在工作，而是在撒娇。工作里面哪有什么委不委屈的，你完成任务，老板给钱，比1+1=2还简单。

如果你在情感受挫的时候，无法让自己每天最多悲伤10分钟、3个月内走出阴影，你的潜意识里，不管对方是不是渣穿地心，你还是会被自己的专一和钟情感动。你说你是不是戏太多？

经常有人说，女人要把自己当公主，我才不相信咧。坏情绪保质期特别长的人，浑身的每个细胞都充满小公主式的自怜，她们的幻觉是"我一悲伤，整个宇宙天阴"。

其实哪有？只要你逼自己走出去，会发现酒吧里都是荷尔蒙，饭馆里都是吃货，商场里都是一脸满足的购物者，社群里都是想赚1个亿的年轻人。就像电影《甜蜜蜜》里，豹哥对李翘说："傻女，听我说，现在立刻回家，洗个热水澡，明早起来，满街都有男人，个个都比豹哥好。"

世界这么大，悲伤那么小。走不走出去，真的只是一个决定。

对待自己，请隆重一点儿

□祝羽捷

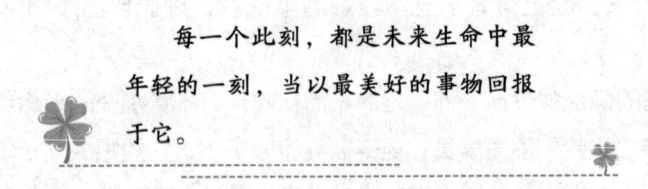

> 每一个此刻，都是未来生命中最年轻的一刻，当以最美好的事物回报于它。

旅行时，我喜欢看日本京都的女人，也爱看巴黎女人。

在京都街头，几乎看不到一个潦草地穿戴着出来的女人，不论年轻的还是已然老去的。有一次，我在京都植物园闲逛，迎面遇上一个腰几乎弓成90°，拄着拐杖，独自缓慢行走的老人，每走一步，都像要过许久，目测之下估计有80多岁了。我克制不住地想去搀扶她，刚走近些，她听到脚步声，抬起头跟我打招呼，那一眼，从此烙进我的心里。

她化着精致好看的眉，涂着豆沙色的口红，穿一条鹅黄色连衣裙，腰间系了一条细细的咖啡色皮质腰带，末端还绕了个时尚的结。没拿手杖的那只手，握着一只精致的古着小手包。

她脸上皱纹满布，眼神却泰然又从容，带着笑意，优雅地向我微微点头打招呼。那般温煦平和的气质，让我遇到她的那一整天，都像注满了能量。后来我想，仅仅是因为她的优雅和美吗？不尽然，最打动我的，是她对待自己的那种隆重。

日本文化里有"慎独"的思想，即在独处的时候，言行和心念也如在众人面前一般。人们一般理解"慎独"是针对一个人的德行，但每一刻都能隆重地对待自己，何尝不是一种让人感动的德行？因为成年人的世界，没有谁过得特别容易，能在年华老去倍受时光消磨后，还隆重地对待自己，这样的人，平白让人心生敬意。

小时候的记忆里妈妈总爱去卖布料的柜台，挑选心仪的棉布，再照着时装杂志剪报纸打板，踩着缝纫机给她和我做衣服。

邻居阿姨有时候会说，小女孩何必这样，穿不了几天就小了，随便买来穿穿就好了啊！妈妈总是微微一笑，转头以欣赏的目光看我一眼。

妈妈当然说不出"人要活在当下"这种现在的流行语，但她所做的，正是尽量隆重地活在当下的时光中。"不管年轻还是老去，都要好好装扮啊，姿态要好，穿戴的是承受范围内最好的。"她还常念叨，"年轻不美，会后悔的；老了不美，是懒的。"

那些让自己美的时刻，抵消了母亲生活中的日常琐碎。这话我后来常常想起，工作最繁忙最累的时候，回到家，想到要对自己好一点儿。

这种态度成为我如今面对生活的一种价值观，任何时候，都要隆重地、珍重地对待自己。因为一个人对待自己的方式，是她对待全世界的底色。

不管是生活、工作，还是自己的状态，时间从不会为谁停留。每一个此刻，都是未来生命中最年轻的一刻，当以最美好的事物回报于它。

老一辈人的观念，总有一种把好的留到最后，其实还是一种不安全感在作祟。因为，当下才是唯一。在最美好的时刻，你值得拥有最好的一切。何况，隆重地对待自己，才是真正的奢华。

一个微不足道的开始

□ 在行一点

> 一切伟大的行动和思想，都有一个微不足道的开始。

你有没有想过，你被流行的"1万小时定律"耽误了？要想成为一个领域的专家，需要1万个小时的练习。这是没错，但你真的有必要成为专家吗？很多时候，你根本不需要登上珠穆朗玛峰，你只要爬爬北京香山，就能看到懒虫们看不到的美丽风景。

美国投资博客Coding VC讲过一个"100小时定律"：要超越80%的纯门外汉，你可能都用不了100个小时，有时候甚至10个小时都用不了。

比如理财投资，可能你花1万个小时，也成不了巴菲特；但花不到10个小时，学学记账、指数基金定投，你就能够超越无数"月光族"。比如减肥健身，可能你花1万个小时，也成不了健身教练或运动员；但花不到10个小时，学学各种食物的热量识别、一些简单的锻炼动作，你就能够超越无数还在痛苦节食的减肥者。比如阅读，可能你花1万个小时，也成不了过目不忘的"学神"；但花不到10个小时，学学如何筛掉不值得一读的"水书"，学学如何做笔记和画思维导图，你就能够超越无数"买书如山倒，读书如抽丝"的低效学习者。

再比如绘画，可能你花1万个小时，也成不了达·芬奇；但花不到10个小时，学会画简单的小人、艺术字，你就能够超越那些画盲，在朋友圈集赞无数。比如摄影，可能你花1万个小时，也成不了布列松或森山大道；但花不到10个小时，学会一点儿简单的光影小技巧，就能用手机拍出很有"艺术感"和"高级感"的照片。

从1万个小时到10个小时，听起来已经很容易了，但为什么上面说到的这些领域，你到现在可能还没入门，还属于被超越的那80%呢？因为你定的起点，还不够低，还不够容易。如果你"宅"得太久，爬香山可能对你而言都太远、太累，第一个起点应该是尝试在周末下楼去转转。

这不是在开玩笑，美国作家斯蒂芬·盖斯在畅销书《微习惯》里，介绍了自己的好习惯养成起点：1天做1个俯卧撑，1天读1页书，1天写50个字。两年后，他拥有了梦想中的体格，写的文章是过去的4倍，读的书是过去的10倍。如果把起点放大，1天做10个俯卧撑、读10页书、写500个字，看上去"更像样"，也不太难，很多人可能都定过这样的计划，但坚持下来了吗？

我们太容易高估自己的行动力，如果目标定得不够低，为了避免失败，我们很可能就不出发了……这时候小起点的魔力就体现出来了，小到几乎不可能失败、不会有任何负担，快速完成、快速获得成就，继续毫无负担地开始下一步。

就像加缪说的："一切伟大的行动和思想，都有一个微不足道的开始。"在超越80%的人之前，你可能先要超越自己，不如先从20分钟就能完成的小起点开始，先动起来最重要。

被看到很重要

□ 雯　颖

> 如果他的欲望、情绪能够轻松地被看见和理解，那么，他就不必用一些非常规的方式来寻求关注了。

生活中，我们经常能够感受到"被看到"的重要性。比如费了很多周折才签下的订单，默默努力才取得的一点点进步。得到同事或老师的关注和认可，有时候比订单和成绩本身更加令人感到欣慰和鼓舞。

人们在乎"被看到"，是因为很多事情并不浮于表面，那些有关情绪的、内心的、背后的情愫和内容，我们希望有人能够理解。

小孩子也是如此。

我们常常觉得小孩子幸福，因为有大人的关心和照顾，他们什么都不用操心。但我有时候觉得，小孩子也有不那么幸福的地方，就是没有自主权。他们不能决定晚上去哪家餐厅吃饭，下次去哪里旅游，仅有的情绪出口就是对父母诉说和哭闹，但是又时常被忽略。

"小孩懂什么！""没事儿，让他闹一会儿就好了。"这两句话被很多父母当作万金油，他们不知道小孩子也有喜怒哀乐，也有很想或很不想做的事情。

我给大家分享一件自己10岁左右时发生的事情。

那年，爷爷带我去商场挑了一只兔子玩偶，我视若珍宝，因为那可能是第一件由我自己挑选的玩具。我每天兔不离手，去哪儿都抱着它，于是在春节拜年期间就把它带去了小姨家。

一进门，小姨就对表弟说："你看姐姐多好，给你带了玩具作礼物。"然后直接把兔子拿走了。我在错愕中参加了当天的聚会，一直惦记着我的兔子。之后，我几次向妈妈求助，想要回我的兔子，妈妈都觉得开不了口。

回家后过了几个月，在我的再三要求下，妈妈才觉得这是件事儿，于是带着我去索要。但是小姨说："哎，早就不知道把它给谁了。"

可能在大人眼里，不就是一个玩具吗？妈妈这么觉得，所以不好意思索要；小姨也这么觉得，所以很轻易地拿走了它，很轻易地将其送人。但是它不仅是我的玩具，还是我的心爱之物，没有人看到和理解。

这就是小孩的无奈之处。换作大人，总会有人问问本人的意见吧？

现在我有了孩子，我时常会对她说："你愿意做那件事吗？你想要和别人分享吗？不愿意便不用勉强。"

有一位当老师的朋友跟我说："有一名学生敞开心扉跟我聊天，说他上课和同学说话、出洋相，其实是想得到老师和同学们的关注。他成天玩游戏、买装备，也是想让更多的同学认可他。"

这就是孩子的求关注心理。如果他的欲望、情绪能够轻松地被看见和理解，那么，他就不必用一些非常规的方式来寻求关注了。

所以，别忘了孩子也有喜怒哀乐，请你关注他，真的"看到"他。

以笨拙的方式示爱

□陈思呈

> 有不少作家说过这样的意思：一个人一生中遇到的事，都能从少年时代的事件里找到原型。

上初二的时候，语文老师设计了一个写作游戏。她让每个人找任意一名同学作为描写对象写作文，但不要写出名字，然后在课堂上念出来，让全班一起猜写的是谁。如果猜不出来，那就说明这段描写失败了，要重新写。

在这个游戏里，我被很多人描写过。我意识到这是一种荣耀，因为中学生一般只写自己喜爱的人。于是，这件事成为我的骄傲。

前不久的某一天，我想到这件往事，又对一个好友提起。好友肯定了我在这件事里的好人缘，但在他的肯定之后，我也意识到自己急于向他展示正面形象的虚荣心。其实被写得多，也可能是因为我长得特别黑，容易写，是个写作选择上的便利对象。

而我为什么会想到这件小事？是因为此时，我对"人缘"这个问题感到了茫然。

我想到了另一件小事。那一年，我们5名同学组成了一个小圈子，有男有女。我与其中一名女生小D关系要好一点儿，跟另一名女生小F相对疏远。两名男生对我们3个女生没有特殊偏好，他们那种既清爽又混沌的态度，使我们的关系更有着少年无猜的喜悦。这个小圈子以一种平衡的关系存在，我们上课传字条，交换武侠小说看，下课互相抄作业，放学后一起打排球，有时候周末还约着一起去河堤上骑单车。

很多人在少年时代都有这样一个小圈子，它是我们在人生中自己建立起来的第一个社会支持系统。当然，所有的关系里都有不愉快的事，比如我和小F不时会针锋相对，我们还会微妙地在剩下的3个人中争夺盟友，但这些似乎也都是小圈子的常见生态。

转折是在一个星期一。在做课间操时小D告诉我，在刚刚过去的那个周末，他们4个人去了比较远的郊区玩，没叫我是因为上次我和他们去郊区玩，回家太晚被我妈说了一顿，为了让我不再被家人说，他们就主动不叫我了。

这种明显的托词让我怒不可遏，我不知道如何处理争先恐后涌到舌尖的词语，激愤、幽怨、讽刺、蔑视？最后我选择了蔑视。蔑视最能保护自尊。蔑视自然也激起了小D的不满，她便说："他们那天在路上谈论到你，都说到你的某些说法和做法如何狂妄可笑、自私自利。"我说："你也这么看吗？"因为我自认为和小D最亲近。但她说："我觉得他们说得也有道理，但你不要让他们知道我告诉你了。"

如果我成熟一点儿，应该在那个时候对自己以后的言行做出修正，或者温和地与他们拉远距离。但我既贪恋亲密关系的温暖，又无法忍受被背叛的委屈。根据不太可靠的回忆，我大概使用了找机会吵架撒刁的方式，与他们保持交往，把自己的形象弄得更加不堪之后，才无奈地疏远了他们。

很长一段时间，小D成为班上我最不想见到的人，见到她，我就会有一种挫败屈辱的感觉，想象他们因为批判我而加倍团结的气氛，想象他们同仇敌忾的快意。其实我并不知道自己具体错在哪里，但我知道，共同攻击一个曾经亲近的人，那种刺激性和亲密感会比攻击一个无关紧要的人来得强烈得多。

有不少作家说过这样的意思：一个人一生中遇到的事，都能从少年时代的事件里找到原型。是的，在这件事情里，我看到我对关系尤其是亲密关系的渴求。由于这种渴求，我迫不及待地过分亲近他人。即使受伤也不愿回避，从表面上看是勇敢的真诚，但事实上，很可能是因为极深的寂寞。

在奥兹的小说《地下室里的黑豹》里，我看到了一个与我很相似的少年。谢天谢地，这是很大的安慰。这个叫普罗菲的少年，因为和英国军人有所来往，被他的朋友攻击为叛徒，之后，他剑走偏锋地把一切都搞砸了。他徒劳而深刻地用他12岁的智慧，思考着爱和背叛。

当我阅读这部小说时，我已人到中年，处理人际关系却并不见得比普罗菲轻松和稳练。我们是以极笨拙的、激怒他人的方式向人类求爱，以"一种不可遏制的渴"要求亲近。我不知道内心是怎样的空洞，才让我们如此害怕孤独，也不知道这样的孤独是否终生难免。

善良是最好的名片

□邓迎雪

> 阿兰对我说，善良有时就有这样的力量，无论走到哪里，它都是一张最好的名片。

朋友阿兰在一家科技公司工作，收入不菲，事业有成。说起她当初的求职经历，颇有几分传奇色彩。

两年前，阿兰的单位破产。正值而立之年的她不得不四处求职，可几个月下来，一直没有找到合适的工作。就在这时，她听说市里有家大公司招聘销售人员，她立即前去应聘。没想到，刚递上简历，工作人员就告诉她，人员已经招满了。

满腔热情顿时化作失望，阿兰十分沮丧。没想到坐在沙发上的一位中年女子对工作人员说，让她去客服部试试，试用期两个月。

事情逆转，阿兰喜不自禁。原来中年女子是公司经理梁云，她今天偶然来人事部，正好遇见阿兰求职。

阿兰聪明，人又勤奋，经过努力，她从试用人员一直做到今天的客服部主管，业绩斐然。

我很好奇，为什么经理会主动给你一个职位呢？

阿兰说，其实这一切，全缘于一只受伤的白猫。

阿兰以前在工厂上班的时候，厂里有只流浪的白猫。每到中午吃饭，总有职工拿食物喂它。白猫在这里生活得很愉快，每天拖着长长的尾巴跑来跑去，好像就是厂里的一分子。渐渐地，大家都习惯了它的存在。

可有一天，白猫却没有像往常一样出现在人们的视线中。起初也没人在意，直到有人去水房打水，才在房间角落里发现了奄奄一息的白猫。它雪白的毛几乎全被鲜血染红了，右前腿的半个部分已没有了，身上几处伤口正向外渗血，惨状触目惊心。打水人的惊呼声引来好多同事，大家围着白猫察看它的伤势，猜测它可能是遇见了什么凶猛动物，恶战之后变成了现在这个模样。

看着在死亡线上挣扎的白猫，阿兰非常心疼。她用毛巾包起白猫就往宠物医院跑。到了医院，医生看看猫的伤，认为救活的希望不大。阿兰心急如焚，恳求说，有一线希望就救救它吧，它也是一条生命啊！这时旁边也有几个给宠物看病的人，围上前来看这只可怜的猫。有人说，别救了，这样的猫就是救活了也是废猫，没什么价值了。阿兰没有理睬别人的劝说，仍请求医生给猫医治。

那天，医生给猫细心地缝合了伤口，消毒、包扎，打了消炎针。

为防白猫再遇不测，阿兰把猫抱回了家，喂它牛奶、火腿，悉心照料。白猫终于从死亡线上挣扎过来，伤情一天天好转。

伤愈后的白猫走起路来，身子总是往前栽，好像要摔倒似的，再也没有了以前的轻盈和敏捷。阿兰仍然把它养在家里，耐心地照顾。

最让人惊叹的是没过多长时间，那猫竟然生下3只小猫，众人这才恍然大悟，也许正因为有了猫宝宝，所以它当初的生命力才这样顽强吧！

这就是阿兰和白猫之间的故事。只是阿兰不知道的是，她当初去宠物医院救猫时，她现在的经理梁云也在宠物医院，准备给宠物狗打针。阿兰救白猫的那一幕，她全看在眼里。这个心地善良的女孩当时给她留下很深的印象，所以在阿兰求职时，她一眼就认出了她。这样细腻温暖有责任感的品质正是客服部员工最应该具备的啊！这也是她主动帮阿兰的原因。

阿兰当然是后来才知道事情的原委。

我唏嘘不已，直叹神奇。

阿兰对我说，善良有时就有这样的力量，无论走到哪里，它都是一张最好的名片。

岁月把我雕刻成了你

□淡淡淡蓝

> 岁月无声，我们都曾年轻，我们也终将老去，不再惧怕，有一天我会成为她。

看到一则脆腌3杯小酱瓜的菜谱，趁周末有闲，去菜市场买来新鲜黄瓜，仔细地把黄瓜洗净，切头去尾，再分成三四小段。拿出厨房小秤，按照菜谱指导的米醋生抽盐糖的量调配了酱汁，尝了尝，觉得不够酸，又自作主张添几勺醋。把酱汁入锅咕嘟咕嘟煮沸，再把黄瓜浸入酱汁继续煮沸捞出，如是3次，是谓3杯小酱瓜。

把拍好的照片发给妈妈看，用语音絮絮叨叨和她聊了做法，还说下次等她来，我就可以当面露一手，做一次让她尝尝。

放下手机，不禁挠头。是从什么时候开始，我竟然不知不觉变得和她越来越像了呢？

清明时，妈妈和我说，她要做青团子，找个天气好的日子约几个老伙伴一起去挑"青"，我大惊失色。做青团子并不是一件容易的事，要去田野挑一种叫"青"的植物。满满一篮子的"青"挑回家后清理干净，再放在开水里氽烫过后，就变成了只有小碗口大的那么一团。妈妈动完手术才只有3个月，一个70多岁的老人要在大太阳下蹲着寻找野菜，这简直是不拿自己的身体当回事，是闹着玩。

我企图侧面瓦解妈妈的心思，轻描淡写地劝她不要做，现在青团是一种网红美食，各种名堂花样百出的馅料应有尽有，想吃什么买几个尝尝就是了。妈妈不屑一顾，说网上买的哪有自己做的好吃，他们的"青"根本不是正宗的"青"，他们的馅儿就是瞎糊弄、是过家家。软的不行，我就凶她，我说："医生说过要你好好休息，你都白发苍苍一老太婆了，还到田间挑'青'，把身体累坏了怎么办？"妈妈说："我自己的身体我自己清楚，适当活动对身体有好处，我可是一个有知识的老太婆。"

你来我往几个回合，我快要恼羞成怒，妈妈还不罢休，继续说："我想想我还能再给你们做几年青团子吃呢？接下去的日子都是做一年少一年喽。"我心一凛，默然无语。

最终当然是我妥协。妈妈开开心心地去挑了"青"，做了100多个青团子。这百来个青团子又依次分到了我们兄妹仨，还有亲朋好友、邻居手中。考究的春笋咸肉菜馅，是真正的乡野味道，咬一口，唇齿之间的清香软糯，无与伦比。

小长假回来待了几天的儿子，买了上午11:00的高铁票返校。晚上临睡前和他商量，想让他吃了早餐去坐车，问他想不想吃糯米烧卖，儿子说，是在门口早餐店买的吗？可以呀！我说当然不是，我自己做。儿子的态度和我对妈妈的态度一样，说何必那么费事，直接下楼吃了就走不是更好？

我不置可否，当晚就开始准备食材，糯米要先浸泡一夜。起个大早，在厨房叮叮当当忙碌了一整个早上，蒸出了20来个烧卖。做这些的时候，觉得自己条理清晰，井井有条，不急不躁，真是奇妙。若是放在几年前，我是断然没有耐心去做这些烦琐复杂的厨事，光是看看步骤就觉得头大，现在却是心甘情愿地安然享受这个过程。山川湖海，囿于厨房和爱。想起庆山说的一句话，"命运不动声色地用他的雕刻刀塑造我"，最终把我塑造成了和妈妈一样的人。

和妈妈一样的人，又有什么不好呢？她一心一意地爱着家人，喜欢用食物滋养我们的身体和情感；她经历过曲折动荡，被生活欺负过、委屈过、痛哭过，却早已经和生活和解；她曾经严厉而挑剔地要求我们，现在却只有平静和温柔的抚慰；她用近乎一生的时间让我们领悟，热气腾腾的烟火生活才是最好的修行；她平静有乐趣，宽容豁达，懂得享受生活，也不再苛求他人；她越来越絮叨，也越来越单纯和快乐。

岁月无声，我们都曾年轻，我们也终将老去，不再惧怕，有一天我会成为她。

单腿起跳的人生

□ 袁贻辰

> 这个爱美的姑娘从不遮掩自己身体的残缺，每次乘火车时她大大方方地跟普通人一起排队检票，从不走爱心通道。

台阶就像没有尽头一样，直上直下几乎呈90°。独腿的罗雨拄着拐杖，迈出左腿，再用拐杖着力带动身子挪动，就像跳起来一般，一步一跳地向上攀爬。

天快黑时，这个河南郸城姑娘"跳"着登顶长城。

有时候，罗雨会觉得，失去右腿20多年后，自己的人生才刚刚开始。她沿着318国道徒步行走，从成都开始，每天从清晨走到天黑。行进方式还是那样，背着三四十斤的旅行包，一步一跳地向前走。入夜了，她在路边拦下顺风车去最近的酒店落脚休息。一个月后，罗雨走到了林芝。

所有衣物右边的裤腿都被剪掉了，这个穿着单腿裤子的29岁姑娘甚至考取了驾照，还学会了开叉车和电焊。她微微下蹲，用一只腿稳定身体，身体前倾，双手牢牢握住随时都在蹦出火花的焊枪。

电焊是她如今谋生的手段。罗雨每天干8小时，和其他电焊师傅一样，靠手艺吃饭。工作之外，她用一只腿开车、干农活、健身，蹦蹦跳跳地拄着拐杖逛街试衣服。

但在扛起焊枪之前，在罗雨的世界里，腿，是唯一的关键词。

为了相恋3年的男友，她在失去右腿20来年后，第一次选择穿上假肢。她无比珍视这一段恋情，这是她的初恋。自打3岁时因车祸失去右腿后，她和许多残疾人一样遭遇歧视、排挤、辍学。用罗雨的话说，自己前些年的人生就和这个名字一样，落雨不停。

雨停的日子是她和初恋男友相遇的时候。只是，男友并不喜欢她空荡荡的裤腿，也不喜欢她拄着拐杖大步走路的样子。

> 我心温柔，
> 自有力量

罗雨默默地换上了假肢，别别扭扭地重新学着走路。一切都和过去20多年的经历没有区别，她又一次选择了退让。

最初的退让发生在小学那间60平方米左右的教室。一次又一次发现自己的书包、拐杖被人藏起来时，她扶着桌子流泪，不和那些嘲笑自己的男生争辩。一旦还嘴，一个接一个不堪入耳的外号会持续地从那些孩子嘴里蹦出。她不敢听。

放学后和母亲相伴回家的时光接着失守。校门口，一茬儿的男生冲着罗雨和母亲大喊，"瘸子来咯"。被视作"异类"的罗雨早已习惯，她默不作声。可回到家后，母亲哭了。

她的情绪也最终退让了，无论是学校还是家里，她都不掉一滴眼泪，只有独处的时刻，她才会小声地发出声音，孤独地啜泣。

没有人教过学校里的孩子该如何与残疾人相处。但罗雨被教育要学会"忍"，然后不断地锁紧自己人生的空间。

她读到中学就辍学，然后找到不算正规的小作坊打零工，直到遇见自己的男友。3年多的热恋让两个人走到了谈婚论嫁的阶段，她在意男友对自己的看法，于是抛下拐杖，第一次穿上假肢，套上完整的裤子和裙子，越来越像一个真正的"正常人"。

男友的父母没有接受这个准儿媳。一次，这对年轻的情侣在饭馆吃饭，气氛压抑。临走时，罗雨挪动着还不太熟悉的假肢，在跨越台阶时没有掌握好平衡，一头摔了下去。

她的身体很疼，摔开的假肢躺在一边，连接假肢的胯部已经长出一连片的红疹。她没有告诉男友，自己的身体对硅胶过敏。

时隔20多年，罗雨忍不住了，靠在饭馆门口哭了起来。

她说自己哭完就想通了。这个独腿女孩和男友分了手，也扔掉了那只假腿。"真正能支撑一个人的不是假肢，而是内心的强大。"

她拄着拐杖开始旅行。从此，那只独腿便承载着罗雨几十斤的重量去了天门山，爬了长城，登了雪山，甚至徒步进了藏。

几年前在长城脚下，她发了一条朋友圈："长城我来了，我要征服你。"

弟弟在下面评论："姐，你怎么爬上去啊？"

直上直下的阶梯让很多身体健全的成年人望而却步，罗雨把三四十斤的旅行包寄存后开始攀登。她挥动一次拐杖能跨越两个台阶。

她开始玩短视频，想要把改变后的自己展示给更多人，尤其是那些和自己有着相似经历的残疾人。视频里，她记录自己做电焊的、修理工具的、爬楼梯的、运动的、旅行的、干农活的时刻……

她染了头发、化着妆，穿着各色裙子，大部分时间都是笑着的。

那些隐藏在角落的残疾人纷纷找到她，有人说自己不敢出门，也找不到工作，"全社会都歧视我们"；还有人说"为啥就我和别人不一样，我为啥这么惨、这么倒霉"；还会有人给她留言，告诉罗雨，自己残疾后太痛苦了，"活着好累，就想死"。

"很多人过不去这个坎儿，觉得自己不如别人、和别人不一样，就差把残疾人三个字贴脑门上了。"罗雨说，她会告诉每一个观看自己视频的人，"真正歧视残疾人的是你自己。""连你都自暴自弃了，别人怎么可能尊重你？""别人能做到的事情你也能，只要你相信自己。"

她说："永远都不要自轻自贱。"

罗雨喜欢讲自己打工时的经历，前些年她一个人跑去了广东，在惠州的工厂做过鞋子，在深圳卖过房。她认为自己和其他员工一样，没有区别。"这个世界只分男人和女人，不分什么残疾人和正常人。"

她在地产公司上班时，该干的活儿都不落下。比如，一个人上街发完所有传单。老板想让她回办公室干点"适合残疾人"的活儿，被她拒绝了。

离职一年回家后，她甚至接到了原公司的电话，希望她再回去上班。

这个爱美的姑娘从不遮掩自己身体的残缺，每次乘火车时她大大方方地跟普通人一起排队检票，从不走爱心通道。这些故事从直播和短视频冒出时，评论区里"666"像浪一样涌动，有人说谢谢罗雨；有人鼓励她；还有人说，想要娶她。

她的视频很多都有六位数的点击，粉丝数也逼近20万。这个河南女孩说，她不贪图粉丝有多少，更不奢求用直播尽快变现。她想做的，是让更多人在伤心、失意、绝望时能想到她的经历，"嗨，看看人家雨大宝（她在短视频平台上的昵称），这人生还有啥坎儿过不去啊？"

最近，罗雨去了一趟青海旅行。在广袤无际的草地上，她暂时放下拐杖，单腿起跳。镜头里，她冲着天空张开双臂，头微微仰着，迎着阳光。

和巴菲特共进午餐值不值

□ 江　山

> 这是一顿共赢的午餐，竞拍者获得名气，基金会获得捐赠。

一顿饭到底有多贵，这事儿似乎一直是被巴菲特定义的。"巴菲特午餐"竞拍每年刷新纪录，今年被来自中国的孙宇晨夺得，456万美元（约合人民币3153万元），创下拍卖纪录。竞拍收入全部捐赠给慈善机构格莱德基金会。

对于这顿饭来说，盘子里装的东西本身并不算贵，竞拍成功者可以带7位朋友到巴菲特"御用"餐厅史密斯·沃伦斯基牛排餐馆用餐，菜单上有59美元的冷水龙虾，也有49美元的牛排。古有韩信一饭千金，今有巴菲特一饭数百万美元。无论是饭桌上坐着的人还是我等看热闹之人，都心照不宣地知道，这顿饭吃的绝对不是饭本身。

早期竞拍巴菲特午餐的大多是"巴菲特迷"。2007年竞拍成功的加州投资基金公司经理莫尼什·帕伯莱早在1997年就给巴菲特写过私人信件，表达了想要为巴菲特免费工作的意愿。

新加坡华裔商人杰森·秋2005年成功和巴菲特约了一顿饭。午餐两年后，他在接受采访时坦言，自己在投资早期，早已熟读巴菲特的书籍。在和偶像吃饭时，他没有花很多时间来谈论投资，因为他认为从书中就可以了解到相关内容，为此他事后还受到亲朋的批评。而至于咨询巴菲特的部分，看起来只是安慰剂："他的建议证实我们做的是正确的，而且我们没有错误解读书中所有关于他及其投资哲理的内容。"这也许对这位"铁杆粉丝"而言已足够。

从中国商人下场搏斗开始，巴菲特午餐见证的，更像是一场从"粉丝经济"到"网红经济"的华丽转身。

每年巴菲特午餐拍卖都能自然集聚目光——巴菲特在中国"封神"时，就连还是个中学生的我，都慕名买了两本《卡内基成功学》《巴菲特投资学》。每顿巴菲特午餐的竞拍都成为万众瞩目的焦点，还有什么比得上这块"天然广告牌"？

2006年，创办了小霸王和步步高的段永平拍下下一年的巴菲特午餐。他为了这次会面，一直在与巴菲特通电子邮件，同时苦练英语。巴菲特也没辜负他的良苦用心，把会餐时间足足拖了3个小时，才结束这顿在当时号称天价的午餐。

相比于段永平，号称中国"私募教父"的赵丹阳早已准备好3份"套路"——送给巴菲特东阿阿胶和贵州茅台；拿出十几本《滚雪球：巴菲特和他的财富人生》请他签名；还拿出自己当时持流通股最多的物美商业年报请老人家过目。

巴菲特在饭桌上开什么灵丹妙药，都不及巴菲特本人这剂药方有用。赵丹阳吃完这顿饭，不出半个月，手头持有的股票就涨了1.5亿元。不过这也让巴菲特不得不再立下一个规矩：午餐期间不得讨论个股。

老爷子划定的禁区，并没有削弱这顿饭的价值。赵丹阳在吃过那顿饭后模仿巴菲特每年给股东们写一封信。与巴菲特吃完第二顿饭后，事业小有成就的吉姆·霍尔柏林在8年后也搞起了自己的慈善午餐。基金经理盖伊·斯皮尔写起了个人的成功励志学《与巴菲特午餐时，我顿悟到的5个真理》。在回忆起这个"空气都为之震颤"的时刻，他深受启发："这不是一个公平的世界，你和谁混在一起，比你自己是谁更重要。"据说他还为此把自己的住所从华尔街搬到了瑞士。

这是一顿共赢的午餐，竞拍者获得名气，基金会获得捐赠。就连餐厅也不例外，他们为此每年要向格莱德基金会捐款1万美元，并为午餐会免费提供食物，而收获远超于此。

与国外民众单纯看看热闹相比，拍下巴菲特午餐的中国商人从一开始便开启了骂声与名声"齐飞"的新模式。13年前，段永平活生生把竞拍价格拉高了一倍，被怀疑中了"中国溢价"的套路、捐赠流向国外"罔顾同胞"，他只能尴尬地解释在这个年龄自己比巴菲特捐得多。等到两年后，赵丹阳再出高价时，已少有人质疑他的一掷千金，只是怀疑他在赴宴前所持股票价格涨落之诡异，像是设好了一个局。2015年朱晔凭新出的"天价"让旗下公司在股市上昙花一现，如今更是因巨额亏损面临着证监会的调查问询。

争议成了巴菲特午餐中不可或缺的调味料。拍出超越20年前第一顿午餐价格182倍价格的孙宇晨，招来的争议比之前的中国商人更甚。

这名90后币圈"红人"自然深谙网红经济的吸睛大法。如今，演艺圈零演技明星靠着流量就能获得主角之位，远赴戛纳蹭红毯的网红"戏精"也能拥有姓名，早就证明"黑红"也是一种红。至于能不能在饭桌上施展口才、说服对方，孙宇晨自然在午餐后有他自己的一套说法。

每年水涨船高的价格,都能让前一年的竞拍者心有余悸地拍拍胸膛:我们拍的午餐还不算最贵的。最值得偷着乐的,恐怕还是在竞拍开始的第二年和第三年,仅花了4.5万美元就获得与巴菲特两次共进午餐资格的吉姆·霍尔柏林和斯科特·蒂尔森。不过即使在当时,他们也被人吐槽太过疯狂,如今他们在媒体上骄傲地说:"毫无疑问这是我们所有人花得最聪明的钱。"

那一夜，我与死神擦肩而过

□廖献红

> 假如，我不被拉起来，我的生命将永远定格在19岁了。我不敢再往下假如了……

我19岁的那年冬天，与死神有过一次擦肩。

那年，我来到洛清江上游一个叫西岸的山村小学。学校有校长老罗、大罗、小罗三位老师，他们都是本村的民办教师。

一天，学生娟子的奶奶95岁高龄寿终了。我常到娟子家搭伙吃饭，奶奶给予诸多照顾。按习俗，给奶奶烧香纸奉上奠仪必须要等到傍晚时分，待奶奶入殓完毕，挽幛搭好，灵堂布置妥当，才可吊唁。

可下午6:00临时得到通知，第二天要到乡里参加毕业总复习辅导班，我必须在头晚赶到镇上过夜。这时，那趟南下的火车已差不多到点了，我急忙赶往车站。冬天的夜来得比较早，暮色逐渐织成一张无形的轻纱包裹着山村，我狂奔到码头，催促摆渡人将我送到对岸。我一下渡船，急忙向车站跑去。在离站台约500米之时，绿皮火车呼啸着进站了。我慌忙跑过两道铁轨，来不及买车票，跑上站台，但我的速度还是赶不上火车。火车只停留不到1分钟又徐徐启动了。我着急了。这时，车门还没关上，我心急火燎，满以为我的速度可以跟得上刚启动的火车。

当我将右脚踏上去时，车速逐渐加快起来。我来不及踏上左脚，火车重重地将我甩到月台底，头和上半身倒栽在铁轨旁，双脚搭在高高的站台上。当时，我的大脑一片空白。我只有一个意念：我不能死，我要爬起来！可不断加快的车速，形成巨大风力将我拽向车边。我仿佛看到地狱之门裂开了一条缝。我碰到死神冰冷的手。我趴在生死的临界点上，听到死神的喃喃自语。我听到了车轮摩擦着铁轨发出刺耳的咣当咣当声，阴森、冰冷，散发出铁腥的气味。可是，我怎么挣扎也爬不上站台。这下完了，我肯定会死无全尸……就在这千钧一发之际，一个男青年一个箭步奔过来，拽住我的胳膊，奋力地把我拖上站台。几分钟后我才回过神来，第一个反应是，我，还活着，不缺胳膊不少腿地活着，甚至连皮毛都未受到一丁点儿伤！

惊魂未定的我，瘫软在地上，泪流满面。

一些熟悉或不熟悉的人围了上来，大家关切地问我是不是受伤了，叫什么名字，是哪里人。

我没有回答。劫后余生的我仰望苍穹，任眼泪长流，无助、悲痛、恐惧。假如，我不被拉起来，我的生命将永远定格在19岁了。我不敢再往下假如了……良久，我站起来，朝着河边跑去。那个夜晚，寒冷的冬夜，月亮升起来。月色清澈如水，似乎掬一捧就可以洗手。刚与死神擦肩而过的我似乎具备飞翔的力量。我先沿着铁路跑到田埂，再沿着田埂跑到码头。风在江面上呜咽着吹过来，打着旋儿，然后钻进我的衣领，凉飕飕的。摆渡人又将我送到河对岸。我跑上码头，跑到空旷无人的学校操场转圈，跑出学校，又跑进学校。耳边是树叶飒飒的风声，我似乎在练就与火车赛跑的速度，备战下一次的冲刺、突围……直到筋疲力尽摔倒在地。

第二天，娟子的奶奶出殡。

奶奶是享了高寿的。她的寿终也就没有那么多的悲戚和惋惜。

在村庄，这样的葬礼其实是另一种狂欢。挽联是用红纸写就而不是白纸。主家为前来吊唁的人们每人准备一只寿碗，意为吃了这家的饭，长命百岁，无疾终老。人们沐浴在这样的葬礼中，让灵魂与死神坦然对视，去唱颂它，去祝福自己的今生和来世。

然而，头一晚心惊肉跳的亲身经历，与此时眼前的五彩斑斓的幡旗，盘旋在头顶上震耳欲聋的哀乐声夹杂在一起，五味杂陈。假如，假如昨晚我再也不能回来了，是否也会有这样的爆竹铺路，给亡灵一路排场？抑或更为沉重？心惊肉跳的脆响过后，一地浓香，一地碎红，散发着招魂般的死亡气息，在我仅有的19年的人生经验中，是多么恐怖啊！

这一次，我真切地感知到什么叫死亡。那么近，那么真实，那么痛彻心扉。

战胜自己的敌人

□衡玉坤

> 优势和劣势会相互转化,需要时时审视自己,而不是为欲望迷了心眼,冒进贪功。

骆驼是一种食草动物,虽然长得丑,在沙漠中却是实实在在的智者和强者。

骆驼依靠上天赐予的"特异功能",在辽阔的沙漠中,即使没有食物的情况下,能生存一个月之久。即使三周不饮一口水,也能在气候干燥的沙漠中照样如履平地地行走,生存。因此,历史上许多国家都有靠骆驼骑行、驮运、拉车、探险的做法。

和骆驼相比,作为食肉动物的狼就显得非常凶猛,强悍。如果骆驼和狼两者相搏,毋庸置疑,骆驼绝对不是狼的对手。但在沙漠里,骆驼对付狼却得心应手。

有一天,两匹狼和骆驼在沙漠边缘相遇了,狼左右夹攻,向骆驼发起了猛烈的攻势。骆驼面对狼的进攻,却既不应战也不停步,而是选择快速地逃跑。

两匹狼认为骆驼败局已定,当然不会放过已经到嘴边的肥肉,拼命地追了上去。

骆驼在前面跑,狼在后面追,如果双方拉开的距离较远,骆驼就会主动放缓脚步,待狼奔跑到跟前时,才再次发力,继续向前奔跑。就这样,屡次三番,狼被彻底激怒了。

狼虽然凶猛,但在沙漠中体力消耗很大。在狼的理念中,从来都该漠视一切对手,掠夺是不二的选择。跑了几个小时后,两匹狼累得张大了嘴巴,吐着舌头,喘着粗气。可它们挡不住想吃骆驼的诱惑,还是继续拼命向前追。

平常看上去笨拙的骆驼,在沙漠里却游刃有余,越战越勇,仍然不急不躁,不温不火,时快时慢,把两匹狼玩得团团转。

狼虽然渴得嗓子直冒烟,但仍然沉浸在食骆驼肉、喝骆驼血的幻想中,强打精神追击，不知不觉进入了沙漠腹地。

沙漠中的温度越来越高，空气越来越干燥。两匹狼渐渐体力不支，口吐白沫，先后倒了下去。

在这没有硝烟的战场上，两匹狼本来有着一定的优势战胜骆驼，但骆驼既不仓促应战，也不做无谓牺牲，而是发挥自己善于在沙漠中奔跑的优势，生生将两匹狼拖得筋疲力尽，活活渴死、饿死。

而两匹狼只想捕食到骆驼，却不知道不同环境下，优势和劣势会相互转化，需要时时审视自己，而不是为欲望迷了心眼，冒进贪功。

在得与失面前，人们往往只想到得，却忘记了得与失的距离往往仅一步之遥。

归根结底，要想战胜敌人，首先要战胜自己，贪婪的结果只能加速自己的死亡。

放一勺糖不如护一片林

□张君燕

> 如果蜜蜂从地球上消失，人类可能只有四年的时间可以存活。

美国加利福尼亚州的一个社区最近展开了一项"在花园里放一勺糖"的活动。活动发起人玛丽·波平斯和大卫·爱登堡倡导大家在自家花园里放一勺砂糖，以帮助饥饿的蜜蜂们。

玛丽·波平斯表示，每年夏季经常能看到有快要死了或者已经死了的蜜蜂，但实际上它们只要还有一滴血，就离死还远。"蜜蜂可能只是很累，没有力气飞回蜂巢，但结果往往是它们就这样被扫把扫进垃圾堆了。如果有蜜蜂在你家附近快要累死了，碰巧能喝一点儿糖水，它马上就可以有足够的精力继续工作。你要做的只是用两小勺白糖兑一勺水放在蜜蜂能吃到的地方就好。"爱登堡补充道。

大家都知道，蜜蜂对地球的生态非常重要。事实上，我们人类对于蜜蜂有着巨大的依赖——全世界的食物中，大约有1/3要依靠蜜蜂授粉才能繁育，而这1/3的食物要养活地球上90%的人口。如果蜜蜂从地球上消失，人类可能只有4年的时间可以存活。

不得不说，这是一项很好的公益活动。而且这项活动引起了很多人的关注，大家都积极响应，在各自的花园里为蜜蜂准备了一勺糖。

但与此同时，有人对此提出质疑：几百万年来，蜜蜂从来都不担心食物的问题，为何现在会面临如此的险境？

归根结底，其实是人类的某些行为造成了蜜蜂数量的急剧减少，比如杀虫剂的使用、城市化过程加快及全球气温升高。

他们说："我们不该在理直气壮地毁掉蜜蜂的食物来源之后，再给它们一勺糖。而应该在给它们糖之前，尽力守护它们天然的家园。"

是的，放一勺糖不如护一片林。也许通过这次活动，人们会意识到保护环境的重要性，会懂得破坏之前的保护比破坏之后的补救重要得多。

"90后"文物修复师：因为喜欢，所以坚持

□ 刘素萍

> 那是一个阳光明媚的早晨，没有大大的广场，也没有高高的台阶，站在这座由罗马式圆柱支撑的简易建筑前，她感受到了梦想成真的力量。

一幅收藏在大英博物馆中的拿破仑一世肖像纸质印刷品，看起来崭新，实际上已经有200多年的历史。博物馆收藏它时，画面已经严重起皱，缺失了大部分底部画面，可是经过一个华人女孩的修复，作品得以"重获新生"。这个女孩就是大英博物馆的古画修复师，23岁的王徐悦。

王徐悦从事文物修复工作主要来自家人的熏陶。她出生于书画世家，王徐悦的母亲是一位美术老师，她小时候跟着母亲参加过不少书画比赛，看过很多书画展览，这让她对书画艺术和历史故事产生了极大的兴趣。

报考大学时，王徐悦毫不犹豫地选择了南京艺术学院文物修复与鉴赏专业，家人对此非常支持。在选择专业方向前，王徐悦看到书画修复老师为清洗画心上的污迹，将滚烫的开水直接淋在画上，不仅没有把画心烫坏，反而起到了清洁的效果，她感到格外好奇，也因此坚定了主攻中国传统书画装裱的决心。

文物修复专业，被王徐悦开玩笑地称作"最难学的专业，没有之一"。本科期间的学习内容非常繁杂，除了基本的修复装裱技能，还要涉猎化学、昆虫学、地理学等学科。残缺、裂缝、表面覆盖酸性物质或硬结物，这些都是文物的常见病害。如果不对它们进行科学有效的处理，那么文物的寿命就会大大缩短。因此鉴定、分析纸张成分，了解不同植物纤维的纸张的韧性，都是王徐悦日常的学习内容。

2016年，王徐悦本科毕业，她的很多同学和好友都选择了进入拍卖行工作，但王徐悦选择继续去英国伦敦艺术学院深造，用她的话说就是，因为喜欢，所以坚持。

正因为这一决定，也让王徐悦有机会走进全世界最著名的博物馆——大英博物

馆。王徐悦还记得那是一个阳光明媚的早晨，没有大大的广场，也没有高高的台阶，站在这座由罗马式圆柱支撑的简易建筑前，她感受到了梦想成真的力量。

从大学学习文物修复专业开始，王徐悦对大英博物馆就有一种无法言说的向往，大学4年她常常"白日做梦"，幻想自己可以去大英博物馆修复文物。而之后的这半年，王徐悦每天走进仿古希腊帕特农神庙的大门，穿过游客尚未到来的古希腊馆、埃及木乃伊馆，去修复工作室上班，都有一种穿越时空的错觉。

实习间隙，王徐悦抓住每一次机会到各个场馆观赏，每一件文物都让她欢喜。其中，中国陈列室就占了好几个大厅，作为海外收藏中国文物最多的博物馆，在这里，中国文物藏品总数有2.3万余件，珍品如山。从商周的青铜器，到唐代的瓷器、明代的金玉制品，很多文物都是绝世珍藏。河北行唐县清凉寺壁画、东晋顾恺之《女史箴图》的唐代摹本、西周的康侯簋、唐代的殉葬三彩更是被世人称赞。

其中，《女史箴图》摹本让王徐悦挪不开脚步。"这幅画一直存于书本里、老师的课堂讲述里、我的脑海里。我凑近看了许久，整幅画极其细致精美，人物神态极为传神，笔迹周密，紧劲连绵，如春蚕吐丝，春云浮空。"王徐悦现在还记得第一次看到真迹时的兴奋。"看真东西，看好东西"，这是书画修复师常常挂在嘴边的一句话，平时，王徐悦会尽量多抽时间去看书画展，以此训练自己的眼力。

更幸运的是，负责修复《女史箴图》的邱锦仙成为王徐悦的带教师傅，手把手地教她传统的中国书画修复和装裱手艺。

如今，英国留学归来的王徐悦已经入职上海市历史博物馆，做了一名文物修复师。新馆落成以来，上海市历史博物馆采购了一批高科技的仪器，王徐悦这些中国修复师，不仅继承了中国传统的修复手艺，也在不断地向西方学习，引进并运用一些高科技技术，提高完善文物修复、保护的手段。

王徐悦说："'90后'是富有文化自信的一代，我们在成长过程中目睹了祖国国力的日益强盛。我选择文物修复领域，也是希望靠着自己的手艺，尽全力留住中华历史的痕迹、文化的脉络。"

最好的情绪，要留给家人

□夕夕酱

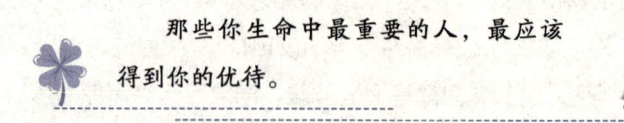

> 那些你生命中最重要的人，最应该得到你的优待。

在鲁迅的短篇小说《风波》中，一个叫六斤的小女孩，因为想添一碗饭，而被母亲大声喝骂。

当时，六斤吓了一跳，手里的碗没有拿稳，掉在地上摔了一个很大的缺口。

看见碗被摔坏了，六斤的父亲又一巴掌狠狠地扇过去，把六斤打倒在地。其实，母亲吼六斤，是迁怒于人。因为她的谎言被其他人揭穿，正在气头上。

而父亲打六斤，是发泄自己的情绪。因为他听说皇帝又坐龙庭了。街坊相传，皇帝是要辫子的，可他没有辫子，担心自己大难临头。

在这场风波里，六斤没有犯任何错误，却莫名其妙地成了父母发泄情绪的出口。

有人把情绪发泄到家里，在外受的委屈，生的闷气，统统发泄到家人身上。结果自己得到了释放，家人却被伤得千疮百孔。

家是港湾，不是出气筒。

在电影《大内密探零零发》中，周星驰扮演的零零发在事业上遭受挫折，回到家便把气全撒在妻子身上："你知不知道，我在外面做事很辛苦？我有多辛苦，你知道个屁呀！"

妻子听完，十分委屈："谁得罪了你，你就骂回去，不要拿我当出气筒。"

零零发却一副理所当然的样子："因为我跟你熟，所以你就活该倒霉，做我的出气筒！"

把在外受的气转移到家人身上，很容易引发一场战争。你可以从家人那儿寻求安慰，但别把家人当成受气包，把所有的负能量都发泄在他们身上。

我心温柔，
自有力量

最容易被你伤害的，往往是最爱你的人。而你最不应该伤害的，也是最爱你的人。你是他们视如珍宝的软肋，别变成攻击他们的刀剑。

正如周国平所说的："对亲近的人挑剔是本能，但克服本能，做到对亲近的人不挑剔是种教养，我们要警惕本能，培养教养。"

主持人李静在接受采访时，曾提过她创业时的困难。那段时间，她常常是忙得连喝口水的工夫都没有，连着轴地开选题会，到处找电视台推销自己的节目，喝酒应酬后吐完又开策划会。

她说，当时因为刚经手，经验不足，再加上屡遭资金欠缺、团队建设、节目改版等难题，总感觉有沉重巨石压于心头，难以疏解时，她会放声大哭。

但到了家门口，她就立马抹干眼泪，跟没事儿人似的，走进家门。

藏起自己的坏情绪，身边的人才能拥有好心情。

王小波曾在《爱你就像爱生命》中写道："人在年轻的时候，觉得到处都是人，别人的事就是你的事，到了中年以后，才觉得世界上除了家人，已经一无所有了。"

那些你生命中最重要的人，最应该得到你的优待。家人，是会相伴我们一生，且最爱我们的人。也正因如此，才更加值得我们用心去经营与家人的关系。

正如法国哲学家蒙田所说的："一个人能和家人和睦相处，这是人生的重大成就。"

很丑少女幻想记

□李荷西

> 因为现实生活可不是影视剧,所以,我只能靠想象来填充自己的"言情戏剧女主"的设定。

高中的时候,我觉得自己很丑。我不知道怎样才能让自己变得好看一些。我躲在洗手间里折腾头发,先用水打湿,再梳,为了让我的自来卷服帖一些。每天穿同一件蓝色的泡泡领上衣,就算它刚洗才晾过一晚。我甚至会撕掉嘴唇上的干皮,这样能显得唇色红润。我用白牙素刷牙,刷到牙龈出血。我把蜂蜜涂满了脸,期望能减少痘痘。一个父母只看重成绩不会给钱为她的美丽投资的少女,每天都在为了变美而绞尽脑汁。

可即使我付出了那么多的努力,当我看着镜子里的自己时,我还是感觉到痛苦:我为什么会是这个样子?

我坐在教室靠窗的角落,总是缩肩含胸,最怕老师喊我起来回答问题。因为当我站起来的时候,就会有人看我。我觉得只要他们看到我,就会在心里发出一阵劫后余生的感慨:"如果我长成这样,那就太惨了啊!"

我也不太和别人讲话,因为我怕别人看我时的眼光。我沉默痛苦,无处寄托,成绩每况愈下。没有人知道我陷入了怎样的焦灼。

为什么我那么在意自己的容貌呢?仔细回忆一下,似乎并不是因为喜欢上了某个人。我就是突然发现,长成这样的我,也许永远无法成为自己想成为的人。

你猜我想成为谁?现在想起来,真是要笑掉大牙。我想成为那时候我看过的言情小说里的女主角。

20世纪90年代末期,我的课外读物主要是言情小说。那些风靡大陆的港台言情小说作者们的文集不消说,《简·爱》《呼啸山庄》《安娜·卡列尼娜》等,对我来说也都是言情小说。甚至看《平凡的世界》《红楼梦》《撒哈拉的故事》时,最让我震动的也是其中的爱情线。

作为一个早熟的、对爱情充满想象的少女，我总结了言情小说女主角的特点。第一，性格特别。第二，长得好看，就算不是第一眼美女，也一定是耐看型美女。第三，身世某种程度的惨。

我的性格平淡无奇，是个闷罐儿。长得嘛，瘦得简直前胸贴后背，从小就被以我大舅妈为首的女性亲戚评价为丑。出身就是普通的公务员家庭，有个弟弟。父母也不重男轻女，偶尔还会重女轻男。所以，我完全不符合言情小说女主角的特点。这让我对自己以后不会有类似言情小说那样波澜壮阔的爱情故事而感到遗憾。

深深的，遗憾。

越遗憾，就越让自己产生一种戏剧感。因为现实生活可不是影视剧，所以，我只能靠想象来填充自己的"言情戏剧女主"的设定。

学校离家很近，我每天走路上学，总是和几个女生同路，偶尔也会混进来一两个男生。和女生一起走的时候，我总是口若悬河。但如果有男生同行，我便沉默得像只鹌鹑。

我希望男生们不要看到我。我就是这样希望的，但我又会脑补出很多东西。我会悄悄地观察某个男生的样子，总结他的特点，看他是否符合言情小说男主角的设定。当然，符合设定的男生真的太少了。所以，在我的脑海里，我会放大他的优点，让他与我想象中的女主角谈一场恋爱。因为羞于把自己放在女主角的位置，我会找一个我心目中的女神与他搭档。无数的故事，无数的冲突，无数的澎湃于我胸口的细节便喷薄而出。

后来我才知道，这大概是一个写作者天生所具备的能力。只是当时我没有发现，也无法窥见以后我会成为一个写作者。

高一的时候，我的很多时间都用在幻想上，所以学习成绩很差，物理和化学惨不忍睹。体育也不好，因为瘦，就跳远还行。所以高一时学校举行运动会，我就被体育老师和班主任轮番劝导，报名参加了跳远比赛。谁知道运动会当天，我便出糗了。最后一次跳的时候，我一头栽进了沙坑里。

当着全校同学的面，我满嘴沙子地爬起来，内心可谓受到了重创。这在我14年的人生中，简直就是最耻辱的一笔。最郁闷的是，这让我觉得，我离言情小说女主角的形象，又拉开了大概一个鸿沟的距离。

我还记得，当时我嘴里含着沙子绷着脸，在嘘声中穿过人群往教室里走去。教室里空无一人，我就在空荡荡的教室里哭了。我趴在桌子上哭得抽抽噎噎，天昏地暗。我怎么这么惨啊？我想。

可是更惨的还在后面。我后桌的清秀男生回来了，等我哭累了抬起头，看见他正站在我的桌前看着我。而我的鼻涕还没有来得及擦去。

"哭啥呢？"他问。他是个体育健将，每天早自习晨跑时总是领跑者。每次运动会都会报名至少3个项目。这次跳远他好像拿了个第一。

我只好用袖口擦了一下鼻涕，然后又趴下了。

运动会在1个小时后结束了，大家都回到了教室。我的同桌也沉默寡言，不太会说安慰人的话。她把安慰我的话写在本子上递给我，我便在本子上回复她，再递回去。

递来递去的第N次，我看到了陌生的字迹："下午来学校，我带你练跳远。"

那个下午是运动会之后的休息时间。我看看同桌，同桌悄声告诉我是后桌的体育健将写的。

我才不会去，我想。可是我在家的一整个下午都坐立不安，然后"脑补"了这个男生是不是喜欢我。如果他喜欢我我该怎么拒绝；如果我没有拒绝，我该怎么和他相处。这是我第一次，在我的脑海中，以自己为女主角构思了一段故事。

后来，我把这个故事写了下来。说真的，写作带来的快乐，远远超过了那个男生带给我的感觉。他写了3封信给我。一封质问我为什么没有去；一封说我那天哭得梨花带雨，撬动了他灵魂的诗意；一封恨我不懂得一个少年真挚的情谊。

我只好换了座位。很丑的戏剧少女拒绝回复他的所有信息。我流鼻涕的样子都被你看到了，我怎么可能喜欢你？

很多年后，在写了很长时间的爱情小说后，我又想起这段经历，才明白一个道理：爱情从来都是想象给的，而不是对方。

后来文理分科，我换了班。我写作文还行，但在新的班级第一次交作文的时候，我忘了写名字。语文老师声情并茂地朗读了我的作文，并说："这位没有写名字的同学，你要告诉我这是你从哪儿抄的，如果不是你抄的，你为什么不敢写名字？"

各位，你们能想象一个坐在角落里的很丑少女，是怎么浑身颤抖地听完这一次莫须有的质问的吗？而我连说"那就是我写的，不是我抄的"这样一句话的勇气都没有。于是我哭了两节作文课，我的新同桌不得不贡献了她所有的纸巾。

我的这场大哭，竟然又引来了一个学霸男生的关注。那个男生开始每天晚自习后挤在我们同路回家的姐妹团里。他说话的时候总是看着我，而我从来不敢回他什么。后来快放假的一天，我因为晚自习偷偷睡觉走晚了，总算是落了单，然后这位男生热情地邀请我一起回家。一路上，我们什么都没说。快到我家小区门口了，他才说:"我知道那篇作文是你写的。那个,我觉得你以后可以读鲁迅文学院。"

我挤出一个笑容。

"你可以帮我补补作文吗?"

"不行。"

学霸大概从来没有被拒绝过,很受伤,以后再看到我总是目不斜视,当我是空气。但他不知道的是,在我的想象中,很丑少女拒绝学霸的故事已经展开了。

那是一篇很短,但依然带给我满足感的小说。很丑少女是来自未来的人,在时空穿越中,她的鼻子塌了,还长了痘痘。她通过一部很特别的BP机,和来自未来的学霸并肩对抗诸如《终结者》里的杀手。

到了高三,我们又分班了。我新的语文老师,非常偏爱我的作文。但他推行了一项可怕的举措——谁的作文写得好,谁就得去讲台上朗读自己的作文。

很丑少女为了逃避讲台,只好放任自流地瞎写一气。有一次模拟考试,因为写得完全跑题,我的作文得了0分。但听说那篇作文传遍了高三年级12个班所有语文老师的办公桌,所以我依然得上讲台朗读。

感到屈辱的我只好照办了。我手在抖,嘴唇也在抖,声音也在抖,简直就是眼含热泪地读完了这篇0分作文。

我的新语文老师是个不到40岁的男人,之后,他把我叫到办公室,告诉我:"以后你再瞎写再跑题的话,就还得上讲台读作文。认真写的话,就不用。"

我羞愧得说不出话来。

高三毕业前,语文老师在我的纪念册上写下这样一段话:

"写作对你来说像一场宣泄,这非常难得。但只靠幻想不结合现实的写作,是对天赋的一种浪费。你要见识更大的世界,交更多的朋友,体验人生悲欢种种,记录你所有的爱恨。你要丰盈你的人生,细化你的情感,这样才能写出更好的有代入感的作品。记住,写作是用别人无法使用的语言,对情感、生活,甚至人性的真实记录。"

后来我想,一个人的人生路到底是怎样铺就的呢?大概源于我们在内心重复过很多遍的,一次又一次不断加深的戏剧化预设。

曾经我以为,高中时代是我最苦最丑的时候。但现在,我分外感激那段很丑的少女时光,那一段段关于言情小说女主角的幻想记。

躲避瑕疵与拥抱美丽

□ 韩云朋

> 问题永远存在，但我们没必要解决掉所有的问题。试试带着问题上路吧，然后争取在问题的土壤里开出一朵花来。

1

我小时候，体弱多病。县里有两家医院，所以我有时看西医，有时看中医。时间长了我发现，两家医院的医生治病方式有点不一样。就拿感冒来说：西医叔叔会询问症状，然后对症下药，咳嗽吃止咳药，发烧吃退烧药，总之哪里难受治哪里。当然，中医爷爷也会给我正常开药，只是每次走之前还要额外进行长达一分多钟的"思想教育"："小朋友，平时要多吃蔬菜水果，多晒太阳多运动……"

有一回我被嘱咐得烦了，追问道："蔬菜水果和太阳是治咳嗽的还是治发烧的？"

中医爷爷一愣："都治不了……"

我得意道："不治病，还让我吃？"

中医爷爷笑着说："它们是治不了什么病，但它们能让你更健康，让你得感冒的概率降低，免疫力提高，哪怕生了病，也会恢复得比别人快。"

简简单单的一句话，却让两种思路的差异变得清晰具体。

对待将会和我们打一辈子交道的疾病，一种方案是对症下药，关注的是问题，手段就是哪里出了问题，就赶紧去解决那个问题。然而还有另一种方案，叫化解。它关注的是什么能让你的身体更好，手段就是不纠结于某个表象，把焦点投放在积极因素上，一旦发现积极因素，便加大投入，使得积极的一面大到让消极的一面显得微不足道。

用中医老爷爷的口头禅讲就是："你不用关心怎么治病，你只要多想想怎么让自己更健康就行。"

2

如果把"疾病模型"和"健康模型"这两种不同的思维方式放到人生哲理上来,那么简单来说:前者关心的是哪些因素导致了你的失败,你的缺陷有哪些?而后者追问的是哪些因素让你取得了进步,变得成功,抑或是哪怕在经历挫败时它们都在发挥着正面作用,你的优势在哪里?

而无论是从我个人的成长经历,还是从许多其他人的故事来看,"追问疾病",最好的结果是消除问题,就像把-1扳回到0;而"关心健康",却能从负中生正,让-1变成+1。

读中学时,学校举办演讲比赛,那时的我敏感、内向又自卑,怯懦地问指导老师怎么才能把这几种性格缺陷填平。指导老师反问我:"为什么要抹平它们呢?这反倒是你的优势啊!"敏感的人有更强的共情能力,内向其实是"向内",更加关注人的内心,自卑是走向真正自信的开始阶段,从这上面长出来的勇气才最有韧性。

比赛时,我平心静气地讲述,目光与台下的每个人呼应,最终不靠喊口号,拿到了第一名。

读研时,我爱上了写作,可无奈文笔不佳,辞藻也不华丽,迟迟不敢动笔,最终鼓起勇气写了一篇稿子交给文学系的老师,向他请教怎么才能让自己的句子更漂亮些。

在返还的稿件末尾,老师留下一行评语:你的长处在于观点。正如获得雨果奖的科幻作家刘慈欣,他的文笔也算不上特别好,可他没有纠结于此,反倒极致地发挥出自己的长处——喷薄的想象力,最终作品精彩得让读者们忽略了文笔。

我就此走上了写作的道路,没过多久,文章就被收录进中考试卷的阅读题里。

3

俄罗斯世界级短篇小说巨匠契诃夫的经典作品《套中人》的主人公有句口头禅:千万别出什么乱子。

这句话放在今天,特别适合形容当代人的焦虑。我们每天都在"三省吾身",不停地逼问自己:我这里有什么毛病,那里有什么问题?

就像一个刚刚穿上新衣服的孩子,坐立不安,神经紧绷,生怕一不小心沾上污点。这时聪明的母亲会温柔地告诉孩子:"别傻坐着呀,和小伙伴们好好玩去。"

孩子可能会担心:"衣服弄脏了怎么办?"

和小伙伴们忘情地闹腾,新衣服一定会弄脏,但这有什么关系?大家一起尽情玩耍时的愉悦感,会让你忽略掉衣服上的污渍。不是衣服有没有弄脏,而是脏了也没关系。

大海从不纠结自己的哪朵浪花有没有瑕疵,也从不会嫌弃某一朵浪花的胖瘦高矮,因为每当游轮上的游客想要指摘评价它的哪朵浪花美不美时,它都会不动声色地翻起一条漂亮的鲸。

最终,返程的游客感叹:大海真美啊!感叹里早已忘却了浪花的样子,在乎的是那条大鲸。

问题永远存在,但我们没必要解决掉所有的问题。试试带着问题上路吧,然后争取在问题的土壤里开出一朵花来。有时候,别急着舍弃尘泥,在你低头的一瞬间,便失掉了旅途的风景。

让你的生气发挥出作用

□张君燕

> 当你感到生气时，你应该让大家知道你在生气，然后让他们停止做让你生气的事情。

谢榛是明代文学家。30岁的时候，谢榛得到赵康王的赏识，遂成为赵康王门客。有一次，众文人在喝酒唱和之时，一个名叫梁安的门客起身默默离开，直至吃午饭都没有出现。谢榛与梁安平素关系很好，留意到梁安的举止，便前去问询。

只见梁安卧于床榻之上，双目微闭、面带愠色，似有不快。谢榛问梁安为何匆忙离席，而且连午饭都不吃。梁安闷声回答："他们总喜欢拿我逗趣，而且越来越放肆，这是不合乎礼仪的事情。我觉得受到了侵犯，很生气。""你打算怎么做？"谢榛问。梁安说："因为生气，我就离席了呀！"谢榛摇摇头，接着说："你因为生气而离席，然后躲在房间里生闷气，可是这有什么作用？"

生气还需要有什么作用吗？梁安被问得一愣，不知道谢榛是什么意思。谢榛慢慢说道："我们生气是为了表达自己的不满。可是如果你只是躲在房间里生闷气，你的不满其实并没有表达出来，甚至没有人察觉到你离开了。所以虽然你因此而气愤，但情况并不会得到改变，人们下次可能还会拿你逗趣。这样一来，你的生气毫无作用。除了损失一上午的好心情和饿肚子之外。"

听了谢榛的话，梁安频频点头。他来到宴会厅，告诉众人他很不喜欢大家拿他逗乐，请大家不要再这样做了。众人听了梁安的"抗议"，才意识到自己的失礼，当即向梁安表示了歉意。

在人际交往中，我们时不时地会与他人产生摩擦，生气在所难免。但是，你要让你的生气发挥出作用。所以，当你感到生气时，你应该让大家知道你在生气，然后让他们停止做让你生气的事情，而不是空生闷气。这样才有利于矛盾的解决，也能更好地维护友谊。

有趣的侧向思维

□ 佚 名

> 侧向思维也被人称为"从其他离得很远的领域取得启示的思维方法"。

1916年4月，第一次世界大战的凡尔登会战后期，德军和法军彼此连续炮击两天两夜后，位于马斯河上游的法军炮兵阵地弹药所剩无几，炮兵伤亡过半。而德军的炮弹似乎还十分充足，继续向法军不断开炮。

不得已，法军指挥官只好起用一批毫无开炮经验的后勤人员临时上炮位顶阵。其中有位年轻的士兵由于对开炮十分恐惧，在没有瞄准的情况下，手忙脚乱中将一发炮弹打了出去。炮弹一出膛，这位胆小的士兵就失声叫道："我的炮弹打偏了！"

指挥官抬头一看，这发炮弹真是偏得太离谱了！德军阵地在东北方向，而炮弹飞向了西北方向。在弹药所剩无几的情况下，这种行为绝对是不可原谅的。指挥官气急败坏地向士兵冲了过去，准备狠狠教训他一顿。

正在这时，只听见炮弹飞去的方向传来一声沉闷的爆炸，接着一声声爆炸声此起彼伏，绵延不绝的爆炸声足足持续了30多分钟！

这是怎么回事？所有的人都愣在那里，士兵们和指挥官都不明白究竟发生了什么事情。

原来，这发打偏的炮弹鬼使神差地偏到了斯潘库尔森林中一座重要的德军秘密弹药补给基地，它成功地穿过狭窄的通风口直捣弹药库，引爆了基地所储备的全部弹药！

这发炮弹造成德军60多万发大口径炮弹和其他数十吨弹药全部被销毁，法军元帅贝当趁机大举反攻丧失了炮火支援的德军阵地，能征善战的德军终于失败了。

这个士兵真有意思，明明打偏了居然打得最"准"，这当然是意外的情况，但事实上，侧向思维就是需要从侧面来思考问题。

在现实生活中，经常会见到人们在思考问题时"左思右想"，说话时"旁敲侧击"，这种从旁侧开拓出思路的思维方式就是侧向思维法。它要求思考者尽量利用其他领域的知识，从别人想不到的角度观察、分析，达到解决问题的目的。

有位心理学家做过这样一个实验，把狗和鸡关在两堵短墙之间，在狗和鸡的前面用铁丝网隔开放了一盆饲料，鸡一看到饲料马上直冲过去，结果左冲右突就是吃不到食。狗先是蹲在那儿直盯着食物和铁丝网，又看看周围的墙，然后转身往后跑，绕过墙来到铁丝网的另一边，结果吃到了食物。

我们人类在考虑某个问题时也有类似现象，有人总是死抱正面进攻的方法一味蛮干，丝毫不能解决问题，而有人则采用迂回战术，用意想不到的方法，轻而易举地获得成功。这就是侧向思维。侧向思维也被人称为"从其他离得很远的领域获得启示的思维方法"。侧向思维主要有以下两种方法：

方法1：目标侧向

日本创造学家多湖辉在《脑力激荡》一书中讲了这样一件事：某电影院生意虽然很好，但有一点儿让顾客不满意，那就是"厕所太小"。观众要上厕所往往要排队，令人烦躁不安。但要改造厕所，又有不少具体困难。电影院的经营者向多湖辉讨教怎么办，多湖辉想了很多方法，比如避免观众一起涌进来，设立"时差制度"；限制上厕所的时间等，但是，这些方法在具体实施当中不太可行。

最后，多湖辉想：既然厕所小的毛病使观众要排队并烦躁，那么问题的目标就是解决排队烦躁。而正面改造厕所不可能，那么只解决侧面问题，使他们不那么烦躁，不也很好吗？于是便提出在厕所旁边的墙上，贴上多种招贴画和海报，包括新的电影介绍等。1个月以后，老板亲自向多湖辉道谢，说尽管排队上厕所的人还是一样多，但由于有那些内容丰富的招贴画，人们也就不觉得太烦躁了。

问题的侧向拓展往往伴随着对真正问题的界定，即上升问题的层次。在上例中，最早的问题是改造厕所的问题，但是假如把这一问题上升一个层次，就会发现"等上厕所烦躁"才是根本问题，那么厕所小和必须改造厕所只能算是这一问题的体现方式之一，而以其他方式（如张贴画）让人不烦躁，也同样可以达到目标。通过这些方式将问题往侧面拓展，也不失为解决问题的方法。

方法2：侧向推理

古时候，有一人想过河，他来到河边大声问道："哪位船老大会游泳？"

话音刚落，好几个船老大都围了过来，热情地自我推荐："我会游泳，客官坐我的船吧！"

只有一位船老大没有过来，坐船人就走过去问那人："你水性好吗？"

船老大不好意思地说："对不起，我不会游泳！"

坐船人高兴地说："那好，我坐你的船！"

为什么坐船人要选不会游泳的船老大呢？原来，坐船人认为，不会游泳的船老大，他必然会小心地划船，坐他的船就比较安全了。这种从侧面来推理的方法就是侧向推理法，它的目标还是安全地渡河。

别把自己活成植物

□寇士奇

> 它们本来是动物，却把自己活成了植物。它们叫林鸥鸟。

有这样一种鸟，生有丰满的翅膀，长着尖利的喙。它们本来是应该像别的种类的鸟那样在天空展翅，在林间穿行，自由而灵活地捕食飞虫啄食树籽的；但它们因惧怕森林无处不在的危险，开始羡慕天敌不屑一顾的树木。它们崇拜呆板，热爱僵固，衷情枯萎，喜欢灰黄。它们回避了天空，告别了飞翔，杜绝了鸣叫，干脆伪装成一个个树桩、一段段枯枝。一装就是一辈子，基本上不管是下雨打雷还是严寒酷暑，它们都会在树枝上站着或挂着。即使鹰隼近在咫尺，也发现不了它们。它们从主动变成了被动，从灵动变成了不动；处境彻底安全了，个性与天性也完全禁锢了。

它们本来是动物，却把自己活成了植物。它们叫林鸥鸟。

有这样一种人，和其他人一样，生命中蕴藏着蓬勃的活力，本应该自由地追逐自己的目标，展示自己的个性；但他们因畏惧外界的攻击，总是追求一种完全被动的生活方式。他们崇拜顺从，热爱沉默，衷情龟缩不动，喜欢循规蹈矩。他们的生活很少变化，没有生气，丧失了主动精神。从来没有人注意他们，因而没有人攻击他们。他们彻底地融入了社会环境，成为其中不易觉察的一部分。

他们本来是人，是被称之为"万物灵长"的高级动物，却把自己活成了植物。他们是人类中的林鸥鸟。

你有多久没有和一只动物对视

□王太生

> 与动物对视，是一种交流，彼此的眼神中会流露出什么。

一只猫，立在瓦脊上，在黑暗中向你瞪着黄色的眼睛，这只猫是在看你，然后，一转身，在瓦上嗖嗖走远了。

一只山羊，或一头水牛，在乡间的土路上，我们曾经和它们相遇对视。羊在路边吃草，头仰向天空咩咩叫。那头水牛，犄角长长，嘴巴咀嚼草料，硕大的牛眼，冷不丁地朝你眨巴两下，头又转向别处。

与动物对视，它们的眼帘是下垂的，透露出胆怯、谦卑。

你有多久没有和一只动物对视？你在动物的眼中看到什么？

许多年前，在气候温润的水乡小城，我曾遇到一头驴。邻居杨大爷用驴给乡人磨米面，这当然是杨大爷的生计。驴在不拉磨时，被拴在一棵楝树上，我有时看到杨大爷和那头小毛驴对视，杨大爷用手在小毛驴的脖子上摩挲，小毛驴温驯地眨巴眼睛。

你在疲倦、芜杂、烦闷之后，看一群动物，看到它们的憨态，懵懂、无邪、天真，俗念顿消。

有一次，朋友陈老大在山中采风，看一群猴子嬉戏。他在看一只猴子，那只猴子也在看他。陈老大忽然觉得，那只脸色绯红、略显倦态的红脸猴，极像喝过酒的自己。

"一只中年猴，在种群的地位争夺，成功或失败之后，向天而歌，性情表达得淋漓尽致，人却没有这样的勇气。"

我也有好久没有打量过那些生灵。春天，在上海野生动物园，隔着一层防爆玻璃，与一只狮子对视。那只狮子，长相英俊，好像并不知道我的存在，或者根本没有将我放在眼里，眼神是平和的。不知道，我在狮子瞳孔中究竟为何物，总之那只狮子根本不想攻击我，也没有攻击我的意思。

与动物对视，是一种交流，彼此的眼神中会流露出什么。

羊驼远远地站在那儿，眼神怯生生的；棕熊圆鼓鼓的，走起路来一摇一摆，表情有点儿呆萌。与一只羚牛对视，它望向你的眼神一愣一愣，你看它，它望你，相距咫尺，面面相觑……

有人说，与灵长类动物对视，它们的眼神好像都有故事。这些动物在动作、神态和应对事情的某些表现上和人类极为相似。

还有一对山魈，它们沉浸在自己的天地，举止亲昵，在房子里走动，根本不在乎旁人的眼光。

成年山魈的脸，似一张京剧脸谱，色彩鲜艳，酷似鬼怪。那两只山魈，显然是一长一幼，年长的用手爪替年幼的梳头。

山魈，动物园的指示牌上说，生长于非洲的灵长类动物。看到它们的长相，脸上天然的妆容，想起神话传说中的独脚鬼怪。《太平广记》说："山魈者，岭南所在有之，独足反踵，手足三歧。其牝好傅脂粉。于大树空中作窠，有木屏风帐幔。"那些远古的意象，与山魈是一回事吗？山魈还是中国古书中的那个山魈吗？

野生动物园，其实是人类模拟有兽山林，在这里恢复、还原的某些场景，有秩序回忆失散的野性与呆萌的天真。身在其间，有人体会荒蛮，有人感悟天伦。

动物园并不是动物最幸福的故乡。在猛兽车游区，我的目光无法与动物们交集，明显感到动物们的眼神是迷惘的。

动物园很安全，动物们不会伤害你，动物园比没有动物的地方还安全。在那里，你能看到动物们只为食物与爱情而争的生活态度与简单活法。

对视，其实是在寻找一种平静，山林大野的平静。用眼睛的余光承接，然后目送一只动物从你面前经过，消失在远处。

水也有灵魂

□尤 今

> 水，原本是没有生命的，煮成汤之后，才有了波凛的生命力，也才有了美丽的灵魂。

小时候，每天要走很长的一段路去上学。傍晚放学时，背着书包，慢腾腾地走回家去，眼前的那一条路，忽然变得很长。走呀走的，突然，闻到了空气中飘来的一股香味，抬眼处，街灯已亮，浓汤飘香，啊，家门近在眼前，心情立刻变得亢奋了。

父亲是广东人，广东人是特别喜欢喝汤的，因为他们相信，煲得久、熬得够的汤水，能润喉、润肺、润心、润肠，因此，煲汤便成了我家的例常作业。一个人在生活线上纵使拼得焦头烂额，但是，一回到家，只要能够喝上一碗好汤，所有透支的精力都得到了弥补，五脏六腑也美美地得到了滋补。

曾经，母亲用炭炉煲汤。朱褐色的圆肚瓦锅，稳稳地坐在小小的炭炉上，烧得通红的炭块，像是守护神的眼睛，忠心耿耿地守着那一锅"水的精华"。母亲坐在小凳子上，拿着蒲葵扇，耐心地扇，有时烟灰飞出来，便沾了母亲一头一脸，可是，喜好整洁的母亲，竟然一点儿也不嫌邋遢，她的心思，全都缠在那一锅好汤里。

汤的香味，是一点儿一点儿慢慢慢慢地溢出来的；初而朦朦胧胧、缥缥缈缈，好像从很远很远的地方传来的一阵阵断断续续的笛子声，笛声清越悠扬，但又带着些许隐晦的神秘感。渐渐地，笛子声隐没了；取而代之的，是类似锣鼓的喧闹声，大鸣大放；那种香味，浓郁醇厚，非常跋扈，非常嚣张，带有很强的侵略性。

母亲把瓦锅小心翼翼地捧到桌子上，瓦盖一掀，一蓬一蓬白色的烟气，便像久别重逢的亲人，热情万分地扑了过来。

母亲常常说，水，原本是没有生命的，煮成汤之后，才有了泼凛的生命力，也才有了美丽的灵魂。我们因此是以近乎虔诚的心，一口一口地捧喝手里那一碗汤的。我们相信，汤喝下肚，便能像魔术豌豆一般飞快地向上蹿长。也许，有一天，当碰上成人世界种种"剪不断，理还乱"的烦恼，却又后悔童年喝汤太多，长得太快。

母亲熬煮的汤，有着截然不同的"内容"。

绿幽幽像液状森林的，是西洋菜蜜枣猪肺汤；红艳艳像液体宝石的，是莲藕鸡爪花生汤；红白分明像调色板的，是番茄萝卜牛肉汤；百味杂陈又酸又咸又鲜又辣的，是咸菜豆腐鱼头辣椒汤；温柔敦厚暖心暖肺的，是老黄瓜红枣八爪鱼汤；风味独特雅俗共赏的，是榨菜蘑菇汤；悬壶济世普度众生的，是党参枸杞龙眼炖鸡汤；风采迷人腴香诱人的，是冬瓜火腿干贝汤……

我们几兄弟姐妹就在一锅锅好汤的滋润下，慢慢地长大成人。各自成家之后，我们也欢欢喜喜地为我们亲爱的孩子炖汤、熬汤、煮汤。

汤的文化，就这样一代接一代地传下去了。